MYSTERY PRECIOUS CORAL

# 迷漾的宝石珊瑚

简宏道 著

中国地质大学出版社
ZHONGGUO DIZHI DAXUE CHUBANSHE

图书在版编目(CIP)数据

迷漾的宝石珊瑚/简宏道著. —武汉:中国地质大学出版社,2018.6
ISBN 978-7-5625-4296-4

Ⅰ.①迷⋯
Ⅱ.①简⋯
Ⅲ.①珊瑚虫纲-宝石-基本知识
Ⅳ.①TS933.23

中国版本图书馆CIP数据核字(2018)第107999号

| 迷漾的宝石珊瑚 | | 简宏道 著 |
|---|---|---|
| 责任编辑:彭 琳 | 选题策划:张 琰 | 责任校对:张咏梅 |
| 出版发行:中国地质大学出版社(武汉市洪山区鲁磨路388号) | | 邮政编码:430074 |
| 电 话:(027)67883511 | 传 真:(027)67883580 | E-mail:cbb@cug.edu.cn |
| 经 销:全国新华书店 | | http://cugp.cug.edu.cn |
| 开本:787毫米×1092毫米 1/16 | | 字数:230千字 印张:9 |
| 版次:2018年6月第1版 | | 印次:2018年6月第1次印刷 |
| 印刷:武汉精一佳印刷有限公司 | | 印数:1 — 2000册 |
| ISBN 978-7-5625-4296-4 | | 定价:88.00元 |

如有印装质量问题请与印刷厂联系调换

# 序一

作者(右)与袁心强教授(左)合影

　　宝石珊瑚在中国发展的历史久远,最早可追溯至大禹时期,汉朝以来随着丝路的开辟,欧洲的宝石珊瑚因此得以传入中国。东晋文学家裴启在所著的《语林》中就记述了西晋石崇与王恺用珊瑚树斗富的故事,可见珊瑚的稀缺与珍贵。

　　宝石珊瑚在大众看来一直都是高档珠宝的代名词。实际上,珊瑚是一种低等腔肠动物,但是在地球的生物发展史上也有重要的一席之地,是地球上至今还存活的最古老的生物之一,各种珊瑚多达2000多种,大多数的珊瑚被称为石珊瑚、造礁珊瑚,在热带、亚热带的海边经常能够见到,其貌不扬。那么能成为珠宝的宝石珊瑚有多少呢？是哪些呢？如何识别？如何鉴赏？

　　如果您渴望解开这些谜团,请到宏道先生历时多年的宝石珊瑚研究成果《迷漾的宝石珊瑚》一书中探寻答案吧。

中国地质大学(武汉)珠宝学院

袁心强　教授

作者(右)与黄忠山大师(左)合影

# 序二

如果问我雕刻逾四十年最感骄傲的是什么？我会说："最喜欢别人盯着我的珊瑚创作，露出惊艳、赞叹神情，那种感动非言语能形容。"

记得第一次与简老师碰面是通过我的球友兼好友苏木炎先生的牵线，一通电话让我俩相谈甚欢，对这位难得遇见的专家知音，我干脆直接邀请简老师来工作室聊聊。台湾是宝石珊瑚王国，但认识珊瑚的人却不多，以前的媒体杂志采访都是偏重了解我的作品与创作过程。而在与简老师的交谈过程中我了解了许多他在研究珊瑚时的艰辛历程，他还向我一一解说珊瑚生长繁殖的过程，这是我从未听说过的关于珊瑚的知识。

珊瑚雕刻艺术是一种文化的传承，同样珊瑚的知识教育也是文化的传承，看到他撰写的关于珊瑚鉴定的书籍与发表过的文章后，我不由得竖起大拇指称赞。在我看来，许多从事珊瑚相关行业的人还没有简老师了解的透彻呢！如果有心要认识珊瑚、了解珊瑚，这本书是入门的最佳选择。

国宝级珊瑚雕刻大师

黄忠山 先生

# 序三

苏木炎先生

---

与简宏道老师的认识，源于我担任中国台湾区珠宝工业同业公会理事长时期，但熟识却是在2013年台湾石头记举办的演讲会场。在与简老师的几次交谈中，让我深深感受到了他对宝石研究的精辟见解，震撼了自认为很会卖宝石的我，世上竟还有比我更懂宝石的知音，着实令我深感佩服。

2014年的一天，简老师拿来一本《宝石珊瑚》让我品读。每个章节的内容都深深吸引了我，书中对于宝石珊瑚的历史典故、各品种如何鉴定、比色与净度的分辨、加工等，都有详尽的介绍。在我意犹未尽之时，简老师却告诉我这本书只作教学用书，不送也不卖。因为，这本书的专业性较强，没有通过标本的讲解来学习此书，会感到很吃力。

值得高兴的是简老师为满足广大珊瑚爱好者的愿望，在简化原《宝石珊瑚》教程的基础上，撰写了《迷漾的宝石珊瑚》。《迷漾的宝石珊瑚》是一本关于宝石珊瑚的最佳专业参考书与市场指南，让非专业人士（懂或不懂的）看书就能清楚了解何谓宝石珊瑚、如何分辨仿制品，了解比色、活倒枝净度对珊瑚价格之影响，重要的是指出了目前市面上珊瑚鉴定的错误之处。我认为这本书对于两岸珠宝商具有很大的影响力。

中国台湾石头记董事长<br>
中国台湾区珠宝工业同业公会前理事长

苏木炎 先生

# 前言

我国宝石珊瑚发展可远溯于大禹时期,到了汉武帝刘彻时派遣张骞出使西域,开辟了丝绸之路,同时也因此开辟了珊瑚之路。尤其是到了清朝时期,宝石珊瑚的发展更为繁盛,早期亚洲的宝石珊瑚均由丝绸之路传入,中国可以说是亚洲宝石珊瑚的领航者,但是因为近代疏于研究与推广,致使许多国人对它感到陌生,尤其在分类与鉴别领域,常无法清楚地说明,何者是宝石珊瑚,何者是造礁珊瑚?

为此笔者花费了数年的时间,查访了产、销、鉴、学等行业,并努力用心收集许多研究检测标本,进行反复测试,再将市场可见的珊瑚品种系统分类,终于在2013年出版了第一本ACME宝石研究中心宝石珊瑚专业班的教材《宝石珊瑚》。由于该教材是为了配合宝石珊瑚专业班教学所著,并未在市场公开发行,所以为了使大众也能够近距离了解宝石珊瑚,现将出版《宝石珊瑚》的简版专著《迷漾的宝石珊瑚》。

本书主要内容为:东西方的珊瑚历史文化和中国台湾对于珊瑚采集的保育做法;用国际认定的生物学法规来区分珊瑚研究标本的品种与类别;从珊瑚的生长繁殖了解其构造和结构,进而学习宝石珊瑚的分类与仿制品优化处理的区别;通过颜色与净度分级表,区分购买的宝石珊瑚等级;宝石珊瑚如何开立鉴定证书;不同成分的宝石珊瑚的保养方法;宝石珊瑚的市场与选购要素。本书最大的特点是运用通俗易懂的语言帮助读者由浅入深地学习珊瑚知识。

宝石珊瑚一直都被欧美国家的人们所推崇。尽管我国宝石珊瑚的产量位列世界第一,但国人对宝石珊瑚的知识知之甚少。反观日本为取得宝石珊瑚的文化地位所付诸的努力,我们其实稍嫌不足。因此,笔者希望通过本书让读者更了解宝石珊瑚,也更了解我国的宝石珊瑚文化及宝石珊瑚研究所取得的成绩,推动我国的宝石珊瑚产业承前启后地永续发展。

最后,在此特别感谢台湾大学海洋生物研究所黄哲崇教授、黄秋雁老师,中国地质大学(武汉)珠宝学院杨明星院长、李立平教授,台湾农委会渔业署、日本高知县水产试验场、国宝级宝石珊瑚雕刻大师黄忠山先生,宝石珊瑚雕刻大师黄清德先生,宝石珊瑚研磨大师洪武岸先生,台湾省宜兰县宝石珊瑚采集船公会理事长张德川先生,台湾石头记董事长苏木炎先生,绮丽珊瑚董事长洪明丽女士,景兴珊瑚的陈景有先生,金龙珊瑚的蔡家兴先生,大东山"希望天地"的吕恒旭先生,恒升珠宝的陈进中先生,珊好珊瑚的李吉雄先生,风柜里船长颜丁发先生,宏美珊瑚的颜文贤先生,玲珑宫的赵善述先生,莹桦珠宝的詹有明先生,宜兰苏澳的进安宫女士、廖玮琪女士等(上列人名随机排列)。感谢这些曾经或现在协助本书完成并提供相关信息及图片的朋友们,研究过程虽然曾有阻碍,但因你们的情义相挺,才让此书顺利出版。期待《迷漾的宝石珊瑚》这本书能揭开宝石珊瑚的神秘面纱,让更多人看见珊瑚之美,进而珍视珊瑚。科学研究无止境,本书笔者希望用浅显易懂的内容为读者普及珊瑚知识,如有错漏之处,盼请见谅。

简宏道
2018年6月30日

# 目 录

Chapter 1　概论 ·········································································1

　　1. 何谓珊瑚 ········································································3
　　2. 宝石珊瑚的历史 ································································4
　　3. 传说与典故 ····································································12

Chapter 2　珊瑚的分类 ·······························································17

　　1. 简述珊瑚生物学 ································································21
　　2. 宝石珊瑚与造礁珊瑚的区分 ·····················································21

Chapter 3　宝石珊瑚的采集与保育 ···············································25

　　1. 宝石珊瑚的采集 ································································27
　　2. 宝石珊瑚研究过程 ······························································29
　　3. 宝石珊瑚的保育 ································································30

Chapter 4　宝石珊瑚的成分、繁殖与生长、构造与结构 ·····················33

　　1. 宝石珊瑚的成分与类型划分 ·····················································36
　　2. 宝石珊瑚的繁殖与生长 ·························································37
　　3. 宝石珊瑚的构造与结构 ·························································40

Chapter 5　市场常见的宝石珊瑚品种 ·············································43

　　1. 赤红珊瑚 ······································································46
　　2. 桃红珊瑚 ······································································50
　　3. 浓赤珊瑚 ······································································53
　　4. Miss珊瑚 ······································································56

|   |   |
|---|---|
| 5. Mido珊瑚 | 59 |
| 6. 深水珊瑚 | 62 |
| 7. 浅水珊瑚 | 65 |
| 8. 东沙珊瑚 | 68 |
| 9. 龟山珊瑚 | 71 |
| 10. 金珊瑚 | 73 |
| 11. 黑金珊瑚 | 78 |
| 12. 黑珊瑚 | 81 |
| 13. 赤金珊瑚 | 84 |

## Chapter 6　宝石珊瑚的颜色、净度分级与鉴定证书　87

1. 宝石珊瑚的颜色分级　90
2. 宝石珊瑚的净度分级　92
3. 宝石珊瑚的鉴定证书　93

## Chapter 7　宝石珊瑚加工艺术与保养　95

1. 宝石珊瑚的加工艺术　97
2. 宝石珊瑚的保养　105

## Chapter 8　宝石珊瑚优化处理与仿制品的鉴别　107

1. 宝石珊瑚的优化处理　109
2. 宝石珊瑚的仿制品　113

## Chapter 9　宝石珊瑚的市场与选购　119

1. 宝石珊瑚的市场　122
2. 宝石珊瑚的选购　125

## 主要参考文献　130

## 后　记　133

# Chapter 1　概论

带盘岩的赤红珊瑚原枝

# 概论

桃红珊瑚花件　雕刻：黄清德

珊瑚虽然是古老的宝石品种，但它的艳丽不因岁月而流逝，它的身世至今成谜，"美丽梦幻"始终是它的代名词。在它的世界里不论国度、不论宗教、不论种族，对它总是保持关爱与敬仰。不管海上风浪多大，它的魅力亘古至今依然屹立不摇。

由此可知珊瑚之美已不止于珠宝，更可提升至文化与精神层面，它所触及的范围涵盖之广也是任何宝石品种所不及，从历史、信仰、政治、医学、传说、人文、风俗等角度均可找到它的踪迹。再者世界各大主流宗教均将它视为圣品，这可是前所未有的殊荣。它的美艳与动人征服了世上的许多人。珊瑚不愧被称为"有机宝石之首"。现在就让我们一起来揭开它神秘的面纱，走入宝石领域中的迷漾禁地。

## 1. 何谓珊瑚

与许多朋友谈论起珊瑚时发现，有人至今仍然不了解珊瑚到底是动物还是植物。其实珊瑚不但是动物，宝石珊瑚更是猎食性的动物，它们主动捕食浮游生物，并同时打造珍贵稀有的"美丽建筑"。

宝石珊瑚的触手是猎捕的工具

# 迷漾的宝石珊瑚

在生物学的分类中,珊瑚是属于刺胞动物门(Cnidaria)珊瑚虫纲(Actinozoa),广义的珊瑚是指所有的珊瑚品种(包括宝石品种与造礁品种)。目前所知全世界珊瑚品种有2500~3000种之多,至今仍有许多新的珊瑚品种不断地被海洋生物学者所发现。而在宝石学中所指的是狭义的珊瑚,也就是能够被制作成宝石材料的珊瑚品种,依照国际认定目前共有27个品种,其余品种均被列为造礁珊瑚。

## 2. 宝石珊瑚的历史

### 宝石珊瑚的中外简史

宝石珊瑚的发展起源于欧洲,目前依相关记载均说明意大利为发展的起源,中国早在夏、商、周三代便有许多针对宝石珊瑚的文献,直至汉朝因丝路的开通,宝石珊瑚开始全面传入中国,唐、宋时期再由高丽输往日本,也就是说当时的宝石珊瑚"沙丁"[1]是一枝独秀,直到亚洲其他宝石珊瑚品种的发现,才逐渐改变产销市场。

### 国际宝石珊瑚简史

在意大利那不勒斯附近的城市——托雷德尔格雷科(Torre Del Greco)早在公元15世纪就开始制定宝石珊瑚的捕捞规范与加工技术,其珊瑚贸易与捕捞权曾因海权的争夺,相继被西班牙、法国与英国所剥夺,但最终凭借着对宝石珊瑚的了解与精湛的加工技术设立了珊瑚渔业专业学校与珊瑚博物馆,而成为顶级珊瑚加工重镇,因此珊瑚贸易的霸权才又重新回归意大利。

所以宝石珊瑚对欧洲而言就如同中国的玉石,深具文化与情感的融合。数千年来,不论是

---

[1] 沙丁珊瑚,是贵珊瑚的一个品种,原产地大部分集中在意大利。

捕捞或加工以至于商贸均掌控在欧洲人的手中，他们努力将宝石珊瑚推向世界，使它成为国际性的宝石品种。

欧洲宝石珊瑚出现的历史要追溯到公元前25000年，传说位于现今意大利西西里岛的海滩上，发现了一枝颜色艳红、外形美丽的树枝，所见之人大都认为是天上掉下来的礼物，便相继至海滩挖掘寻找，从此牵起了人们与宝石珊瑚之间的姻缘。直到公元1859年，在瑞士发现公元前35000年旧石器时代的宝石珊瑚穿孔饰品（这是目前发现最早已加工的宝石珊瑚，当时是以硬度相对较高的矿物旋转研磨穿孔而成的），此时大家才发现原来欧洲的宝石珊瑚历史要比原来认知的早10 000年。

托雷德尔格雷科（Torre Del Greco）是早期意大利珊瑚加工重镇，日本曾在靠近此城市的拿坡里港（Napoli）设立名誉领事馆做珊瑚贸易

公元前1334年（图坦卡门时期或更早时期），古埃及在许多金字塔文化的遗址中发现宝石珊瑚被切割成菱形、长方形、圆形，镶嵌在法老王的内棺、饰品、服饰上，这是宝石珊瑚加工技术进步的一大象征。

公元前43年，希腊人与罗马人开始了解宝石珊瑚是大海中所孕育出来的，但由于质地坚硬密实，珊瑚均被认为是由海底岩石受潮汐侵蚀所形成。

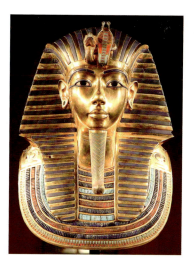

图坦卡门面具

## 迷/漾/的/宝/石/珊/瑚

公元700年左右,地中海的珊瑚早已透过丝路运入中国,再由日本赴唐朝的遣唐使带回日本,目前日本的正仓院就保留了当时圣武天皇(公元701—756年)镶有沙丁珊瑚珠的冕冠残骸。

公元1336—1868年间,也就是在日本的室町时代(公元1336—1573年)到江户时代(公元1603—1868年)期间,为了确保贵族能够使用到珊瑚制品(筷子、坠子、印章、带扣、纽扣等物品),许多富商宁愿冒着风险走私买卖珊瑚(在当时珊瑚是被列为违禁品,严禁使用、贩卖、运输,珊瑚的价格远高于黄金)。

天皇冕冠样式图　　　　日本于意大利拿坡里港设立名誉领事馆之公文

公元1723年,法国医师斐松尼(Jean Antine de Peyssonnel)把刚捞起的活体宝石珊瑚,置于装满海水的容器中观察,结果发现,珊瑚虫在静止的海水中,伸出触手摇摆,从而将所发现的资料及相关证据编辑成论文发表,在当时引来意大利学界的批判。意大利政府决定成立科学委员会负责调查,结论终于在公元1782年完成,并提出相关报告及发表研究论文,证实了宝石珊瑚动物学说。

公元1812年,日本渔民在高知县室户近海捕鲸时意外发现了宝石珊瑚产区,揭开了亚洲宝石珊瑚发展的序幕。

公元1911年,日本在意大利的拿坡里港为珊瑚正式设立名誉领事馆,开始双方的珊瑚贸易交流,使得亚洲珊瑚正式在欧洲登场。

## 中华宝石珊瑚简史

中国的宝石珊瑚发展可远溯于大禹时期,尤其是到了清朝更为鼎盛,琥珀、珍珠、珊瑚可说是中国自古相传的三大有机宝石,其价值可与软玉、琉璃、翡翠同位列于国粹。宝石珊瑚除了象征政治地位外,在宗教界更是拥有至高无上的地位,此外在中医学界也占有一席之地,但是因为近代疏于研究与推广,致使固有传统文化为他人所承继,以至许多国人对它感到陌生,尤其在分类与鉴别领域,常无法清楚说明何者是宝石珊瑚、何者是造礁珊瑚,导致与国际保育类珊瑚混为一谈。现在就让我们借由历史文献的回顾,来证明谁才是亚洲宝石珊瑚的领航者,盼能因此唤起大家为延续中华文化之精髓而努力的决心。

据说当时因大禹治水有功,河伯曾呈上3件宝物献给大禹,其中一件便是两株宝石珊瑚,大禹则将两株宝石珊瑚供于舜帝庙堂两侧,以感念知遇之恩。

我国宝石珊瑚的全面发展,则是在汉武帝时期。当时汉武帝刘彻派遣张骞出使西域时,开辟了丝路,同时也因此开辟了珊瑚之路。汉代《西京杂记》卷一对红珊瑚有这样的描述:"积草池中珊瑚树,高一丈二尺,一本三柯,上有四百六十二条,是南越王赵佗所献,号为烽火树。至夜,光景常欲燃。"所以当时珊瑚又称"烽火树"。

珊瑚外形如同烽火树

/迷/漾/的/宝/石/珊/瑚

到了唐宋时期,更有许多诗人以珊瑚为题,吟诵诗词,如唐朝诗人韦应物在诗句中提到:"绛树无花叶,非石亦非琼。世人何处得,蓬莱石上生。"这便是宝石珊瑚珍贵难得的写照。

到了明朝时期却又把珊瑚称为"琅玕",而且明确地记载并归类在玉石之中。

中国许多医疗书籍如《唐本草》《海药本草》《日华本草》《本草纲目》等针对珊瑚都有明确的记载。珊瑚以中药入药可治疗眼翳(眼结膜增生赘肉)、消宿血、抑止鼻出血、明目镇心、止惊痫、去除眼中飞丝、止呕吐、止泻、止血、治腰痛和小儿惊风、清热解毒、化痰止咳、排汗利尿、可预防经痛等妇女生理病等。国外最新研究认为珊瑚可用来接骨,入药可治溃疡、动脉硬化、高血压、冠心病等疾病。

《本草纲目》和李时珍

在清朝则不论皇室贵族或是文武百官,对珊瑚的使用都有许多规定,例如:皇帝忌日,皇室家族必须佩挂珊瑚朝珠。后妃领饰、朝珠及冬朝冠上均不得缺少珊瑚饰品。在官吏部分,珊瑚则是二品官员的"顶戴"。

清朝二品官员顶戴——珊瑚珠

清朝康熙皇帝像

公元1879年清朝时期通判陈廷宪在《澎湖杂咏·其八》中记:"终古无人见郁,不材榕树亦惊风。只除铁网中间觅,倒有珊瑚七尺红(外堑海中有珊瑚树,红毛曾百计采取,鲸鱼守之,不得下)。"据此可知,早在清朝时期澎湖已发现珊瑚的产区,但碍于捕捞技术不足,使得此发现对珊瑚捕捞并无实质效应。

公元1923年,当时居住在台湾基隆和平岛的日籍渔民山本秋太郎,在钓鱼岛海域进行船钓捕鱼时,无意钩起一株宝石珊瑚,从此奠定了日后太平洋宝石珊瑚产区取代地中海宝石珊瑚产区的重要里程碑。

## 迷漾的宝石珊瑚

公元1934年澎湖将军澳渔民俞狗在南浅附近海域从事鲷延绳钓作业时,钩起一株珊瑚,此后又在望安近海连续发现珊瑚渔场,于是日本人便在马公港成立"澎湖厅珊瑚采取组合",在1935年正式允许20艘珊瑚渔船至澎湖开采珊瑚。澎湖在台湾珊瑚捕捞史上可算是先驱,直至1988年以前澎湖珊瑚捕获量为世界第一,马公港更成为全球最大的珊瑚交易港,外国人称之为"Coral Port"。

1 2
3 4

1. 日据时代的澎湖马公港
2. 现今的澎湖马公港
3. 早期赴中途岛采集宝石珊瑚的金大华号(照片由蔡家兴先生提供)
4. 赴中途岛采集的兴大华号将所采到的宝石珊瑚搬移至转运船(照片由蔡家兴先生提供)

日据时期的台湾,大量的珊瑚被日本人搜刮殆尽。台湾收复后,日本人仍时常前往台湾捕捞宝石珊瑚,此时台湾渔民惊觉到自己的宝藏被日本人无度地夺走,便开始积极投入宝石珊瑚产业,直到1964年台湾宝石珊瑚相关产业人士决心发展属于自己的捕捞及加工技术。珊瑚产

宜兰南方澳港区

张德川船长早期捕获的桃红珊瑚
（张德川船长提供）

南方澳的小巷中隐藏着许多
珊瑚加工高手

业先驱宜兰南方澳渔民黄春生，远赴日本了解国际珊瑚市场，返台后便决心加入捕捞珊瑚的行列，首航一举获得佳绩，之后更无私地带着其他珊瑚船一起前往捕捞，因为捕获量之大，掀起台湾新的一波捕捞宝石珊瑚的热潮，并带动了南方澳的宝石珊瑚产业。数年间南方澳聚集了各地前来的船只，努力探勘新渔场，巅峰时期达400多艘以上，捕捞范围遍布之广，乃世界首屈一指，北至小笠原群岛，东至中途岛与夏威夷群岛，南至香港以西至东沙群岛，并吸引了许多中盘商进驻南方澳，至此台湾宝石珊瑚的主要交易中心便从澎湖转移到南方澳了。到了1984年历经20年的研究发展之后，台湾宝石珊瑚的年产量占全世界的80%以上，而在工艺方面，因不断地培养设计人才与研究创新雕刻技术、抛光（洗亮）工法，进一步取代了意大利、日本的集散中心与加工重镇的地位，成为名副其实的"宝石珊瑚王国"。

/迷/漾/的/宝/石/珊/瑚

# 3. 传说与典故

人们使用和认识珊瑚的时间久远,难免有许多故事与传说,当故事和传说碰到了科学,就像嫦娥遇上了登月,不免会有些许冲突,冲突之间所爆出的火花,仍难掩盖珊瑚绮丽的色彩。

宝石珊瑚在佛教中被视为如来的化身,更是修持观音法门必备的法器,许多经典著作中也有详细记载。红珊瑚被列为佛教七宝之一,由此可见佛教对珊瑚的重视,所以常将珊瑚作为供品、念珠以及佛像上的饰品。在中国西藏、尼泊尔、不丹,宝石珊瑚除了供佛、修持使用外,更是财富的代表,他们将大多数的钱财用来购买珊瑚、青金石与绿松石,作为家财万贯的象征。

1
2 3 4

1. 圆满观世音菩萨(图片由黄忠山先生提供)
2. 银镶珊瑚苗石结子(台湾故宫博物院馆藏)
3. 金嵌松石珊瑚坛城(台湾故宫博物院馆藏)
4. 银镶珊瑚松石戒指(台湾故宫博物院馆藏)

在道家语境中,珊瑚被视为来自神话之地——蓬莱的植物。蓬莱是东海中的仙岛,秦汉时代的古人曾经苦求而不获。

中国是亚洲最早开发和使用红珊瑚的国家,同时也是中国把亚洲的珊瑚文化推向了高峰,因为红色在中国具有很独特的文化寓意,中国人遇喜事都喜欢用红色表达。在国人的眼中,红色是喜庆、吉祥、热情的象征,而红珊瑚在我国古代就被称为瑞宝,它代表着幸福热情、高贵永恒。

宋美龄女士常于重要场合佩戴珊瑚珠宝,凸显其高贵的气质与不凡的品味。参加开罗会议的照片中,她所佩戴的就是阿卡珊瑚项链和戒指。

宋美龄　　　　　　　　　　蛇发女——梅杜莎

西方珠宝史上提到珊瑚的起源莫不谈起蛇发女——梅杜莎(Medusa)的神话故事。根据希腊神话的描述,梅杜莎曾经是一个美丽的女人,因而被女神阿西娜惩罚将其美丽的长发变成了一条条毒蛇而成了可怕的蛇发女,并被施以诅咒,让任何看到她眼睛的男人都会立即变成石头。最后天神宙斯之子珀耳修斯(Perseus)砍掉梅杜莎的头,她所流的鲜血染红了海藻,凝固之后而形成珊瑚。因此,珊瑚常被认为具魔力且有保护佩戴者免受伤害的寓意,如果被雕刻成蛇的形状,甚至认为可防止毒物咬伤。

/迷/漾/的/宝/石/珊/瑚

《燕子与圣母》
14世纪意大利画家
卡洛·克里韦利作品
（圣婴身上挂着珊瑚念珠）

中古时期欧洲教堂采用珊瑚作为圣物，一般民间则是给小孩佩戴红珊瑚项链以求护身避邪。在意大利有一传说，认为宝石珊瑚是耶稣基督被钉在十字架上，所流出来的血液幻化而成，所以欧洲许多较古老的教堂，常以珊瑚作为圣母及耶稣基督的装饰品，但此一说法又被某些教徒所否定。据说使用珊瑚作为念珠是对圣母玛利亚的赞美，所以在欧洲较古老的博物馆和教堂里，使用宝石珊瑚制作而成的许多珍贵艺术品处处可见。

公元1000年在罗马帝国的鼎盛时期，珊瑚在地中海和印度被认为具有神秘的神圣力量，因而开始了庞大商业贸易。古罗马人更认为珊瑚有防灾避祸、护身保平安与增强智能的功能，所以在十字军东征时，士兵就随身携带珊瑚。据说除了护身以外，以珊瑚粉末混合葡萄酒服用，可治任何病症，因此，罗马人称其为"红色黄金"。在古印度，珊瑚用来保护死者免受恶灵的伤害。高卢人(指现今西欧的法国、比利时、意大利北部、荷兰南部、瑞士西部和德国莱茵河西岸一带的人)将珊瑚当作保护石装饰他们的武器和头盔来提高战士的战斗力，以使他们免于危险。珊瑚具有神奇能量及驱邪避凶的能力的这种观念贯穿中世纪和20世纪初的欧洲，它常被用作护身符以及治疗妇女不孕的神药。

意大利和北非的许多国家将珊瑚封为国石，象征着沉着与勇敢，这是对珊瑚文化及其信仰的推崇和肯定。

珊瑚是英国女孩的圣礼，英女王伊丽莎白二世人生的第一条项链便是由珊瑚制成。在英国皇室有一种习俗，公主出生时，要将宝石珊瑚制作成项链，悬挂在她的床头，以保护她平安成

Chapter 1 / 概论

浓赤珊瑚

沙皇伊凡大帝

长,而且时间必须长达一年之久。另外英国的安妮公主为了平安顺利生产,特地佩戴珊瑚项链进入产房。

非洲许多国家的国王在庆典上佩戴专用的珊瑚珠链,以象征其尊贵地位。在某些部落,珊瑚是献给酋长的尊贵礼物,由专人负责看管,并制定许多严厉的规定,如所看管的珊瑚如有遗失或损坏,相关人员及家属一律杀无赦。

公元1584年,英国人杰罗姆·荷西爵士拜见沙皇伊凡大帝(1530年8月25日—1584年3月18日)时,将手中的珊瑚借给伊凡大帝欣赏,红色的沙丁珊瑚居然褪色如白纸,结果伊凡大帝于同年3月18日驾崩,这就是当时盛传宝石珊瑚能预知死亡的传说。

16世纪德国有位叫约翰·威蒂克的医生就曾记载,他的一名患者身上佩戴的红色珊瑚,在最开始病情较轻的时候局部呈现白色,随着病情的不断加重,患者佩戴的红珊瑚的颜色也随之变化,逐渐地变成了暗淡的黄色。而到他的那位患者死亡时,他所佩戴的红珊瑚上已经全是密密麻麻的黑色斑点了。

## 迷漾的宝石珊瑚

古印度人视珊瑚为财富，认为用刻有吉祥图腾的珊瑚作为礼物送给亲友能给他们带来好运。而且印度人常用珊瑚作为敬神的圣物，或用于装饰寺庙中的菩萨神像，代表尊敬与圣洁。

古老的印第安文化中，红珊瑚被视为大地之母的化身来崇拜。现代印第安文化对红珊瑚更是倾慕有加，甚至把红珊瑚作为护身和祈祷"上天（帝）"保佑的寄托物。

在古波斯人的眼中，红珊瑚是吉祥的象征。他们认为红珊瑚可以辟邪。因此，古波斯人常常将红珊瑚作为吉祥物佩戴在小孩子的身上，以此希望红珊瑚能够保佑他们的孩子平安健康长大，然而他们更相信红珊瑚能够与人相通，其颜色、光泽与佩戴者的身体健康状况息息相关。

在日本，珊瑚代表三月诞生石、结婚35周年的纪念宝石（珊瑚与数字3和5发音同）、女性生产的守护宝石（"珊瑚"与"产后"发音同）。日本人深信珊瑚可以挡灾解厄、趋吉避凶、增进智慧、祈福康宁，所以将"茶道、花道、珍珠、珊瑚"定为四大国粹。最具代表性的桃太郎童话故事里，曾经描述桃太郎从鬼岛取回宝物，其中就包含宝石珊瑚，当时人们就把宝石珊瑚视为宝物。在高知县有个传说，人们相信宝石珊瑚有着辟邪除魔的能力，为了保护幼儿，人们常将珊瑚制作成手珠并佩戴在幼儿的手上以达趋吉避凶的目的。

由此可知，从古至今宝石珊瑚一直是世界各国上至帝王、贵族，下至富者争相收集典藏的珍宝。因此，对宝石珊瑚代表着地位尊贵和身份象征的认知显得太局限，而宝石珊瑚代表着如意与吉祥的寓意则更能体现其文化内涵和净化心灵的价值。

# Chapter 2　珊瑚的分类

白色赤红珊瑚原枝

# 珊瑚的分类

桃红珊瑚十字架坠子
金龙珊瑚　提供

在自然界中珊瑚品种繁多,但并非每一种珊瑚都可以成为宝石。什么是宝石珊瑚?什么是造礁珊瑚?这是热爱珊瑚的朋友们都想知道的问题。以前常有人问笔者,海滩上捡到的珊瑚能不能磨成宝石呢?这是许多人心里的疑惑,在不了解的情况下容易将二者混淆,严重时还会受骗上当,因为二者价格相差数十倍,有时更可高达百倍甚至千倍。所以,对于想收藏宝石珊瑚或从事宝石珊瑚买卖者而言,宝石珊瑚与造礁珊瑚的分辨就成为入门的必修课程。

珊瑚属于生物,而目前区分最完整且最专业的莫过于生物学,所有物种的命名法则都是参照国际生物命名法规而定。珊瑚虫纲的分类是依据骨针或所建立的DNA来区分品种;在界、门、纲、目、科、属、种的协助下,更容易将宝石珊瑚与造礁珊瑚划分开来,因此珊瑚的分类并不是哪个国家或哪个人可以擅自更改的定义。现在就让我们借助生物学的归类,来了解宝石珊瑚、造礁珊瑚的区别。

造礁珊瑚与赤红珊瑚共生

/迷/漾/的/宝/石/珊/瑚

## 1. 简述珊瑚生物学

珊瑚属于刺胞动物门（Cnidaria）珊瑚虫纲（Actinozoa），所有的宝石珊瑚与造礁珊瑚在生物学的分类均属于此架构下，这就是我们之前所提到的广义珊瑚。但是在宝石学中另外将能够作为宝石使用的珊瑚品种归纳为有机宝石，这便是接下来我们要探讨的狭义的珊瑚，所以宝石学必须依照生物学的分类，才能更有效率地将宝石珊瑚品种区分出来。

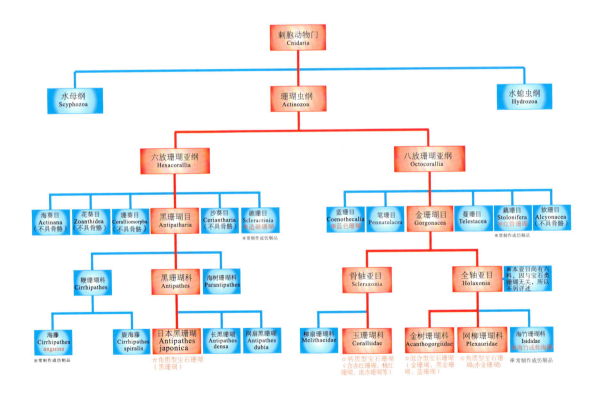

生物学——珊瑚分类表

## 2. 宝石珊瑚与造礁珊瑚的区分

宝石珊瑚的品种早期由欧美的学界与珊瑚业界所共同制定，发展至今已有27个品种。现今包括联合国等相关机构，纷纷成立生物多样性单位，针对全球生物进行普查，其中就包含了海洋生物中的珊瑚，更明确地将宝石珊瑚与非宝石珊瑚进行划分。但由于早期认定的部分品种在市场已不容易被发现（例如宝石蓝珊瑚），所以笔者将目前市场较常见的宝石珊瑚品种加以重新整理，以13个宝石珊瑚品种（部分含亚种，共18种）为例，在本书的Chapter 5中详细说明。

| 常见的宝石珊瑚 | 常见的造礁珊瑚（仿制品） |
| --- | --- |
| 红珊瑚科或称玉珊瑚科 Coralliidae<br>（大多数钙质型宝石珊瑚） | 海竹珊瑚科 Isididae<br>（造礁海竹珊瑚） |
| 金树珊瑚 Acanthogorgiidae<br>（宝石金珊瑚、黑金珊瑚、蓝珊瑚） | 蓝珊目 Coenothecalia<br>（造礁蓝珊瑚） |
| 宝石黑珊瑚科 Antipathes<br>（宝石黑珊瑚） | 藕珊目 Stolonifera<br>（造礁红管珊瑚） |
| 网柳珊瑚科 Plexauridae<br>（宝石赤金珊瑚） | 鞭珊瑚科 Cirrhipathes anggunia<br>（造礁海藤珊瑚） |
|  | 礁珊目 Scleractinia<br>（柱星珊瑚、异孔珊瑚、侧孔珊瑚<br>及大多数的造礁珊瑚） |

造礁与宝石种类

此外笔者为何称之为"宝石珊瑚"呢？原因有3点：第一，绝大多数的宝石珊瑚是由骨针沾黏所构成，骨针其实就是生物进行结晶作用所形成的，以方解石或文石为主要矿物，也就是由碳酸钙微晶集合体所组成的；第二，为了方便说明并与造礁珊瑚有所区分；第三，在各大宝石系统中都将它们列入有机宝石范围。依照上述3点理由，所以笔者将它称为"宝石珊瑚"。

1 2

1. 宝石白色赤红珊瑚（左）与造礁异孔珊瑚（右）
2. 生物学是以骨针来区分品种——双十字形骨针（杨明星先生提供）

Chapter 2 / 珊瑚的分类

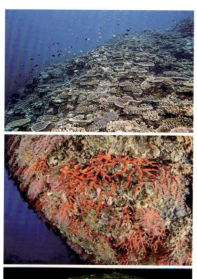

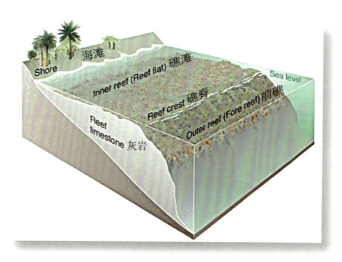

| 1 | 5 |
| 2 | |
| 3 | |
| 4 | |

1. 造礁珊瑚生长在较浅且平坦的海域（礁滩）
2. 宝石珊瑚生长在海底的悬崖峭壁（碓脊与前礁）
3. 大多数活枝造礁珊瑚与海藻共生
4. 活枝宝石珊瑚主动捕食
5. 等深线概念示意图

23

| 种类<br>差异 | 宝石珊瑚 | 造礁珊瑚 |
|---|---|---|
| 环境保育 | 具领域性,大多单独生长,不具造礁功能,所以为非鱼类栖息地,目前除黑珊瑚外均未被列入濒危物种 | 具造礁能力,是小型鱼类与幼苗的栖息地,并兼具调节地球温度与影响大氧、水质等多项功能,目前全数被列入一级保育类物种 |
| 海域水深环境 | 100～2500m深的陡峭悬崖(除某些黑珊瑚品种与地中海的沙丁珊瑚) | 大多生长在20m深以内的平坦海床,少数生长在深度100m以下的水域 |
| 生长方式 | 主动猎食,不需与海藻共生 | 大多需与海藻共生,提供环境保护海藻并由海藻分泌所需食物 |
| 分布 | 黑珊瑚除外,大多生长在太平洋产区与地中海产区 | 分布在南北纬25°左右,平均水温约20~28℃ |
| 培育 | 目前尚无法进行人工培育 | 部分品种已由人工培育 |
| 主要宝石学特征 | 折射率:钙质型约1.47～1.65<br>　　　　混合型约1.56～1.58<br>　　　　角质型约1.54～1.58<br>密　度:钙质型约2.39～3.05g/cm³<br>　　　　混合型约1.88～2.23g/cm³<br>　　　　角质型约1.21～2.20g/cm³<br>硬　度:钙质型约3.5～4<br>　　　　混合型约3～3.5<br>　　　　角质型约2.5～3.5<br>结　构:细腻致密 | 折射率:约1.45～1.60<br>密　度:<2.5g/cm³(海竹除外)<br>硬　度:<2～3(海竹除外)<br>结　构:大多呈粗糙多孔隙,少数细腻致密 |

宝石珊瑚与造礁珊瑚的区分

# Chapter 3　宝石珊瑚的采集与保育

带盘岩的Mido珊瑚原枝

# 宝石珊瑚的采集与保育

带盘岩的赤红珊瑚
《悠游自在》
设计：Vincent Lee

Chapter 3 / 宝石珊瑚的采集与保育

# 3

宝石珊瑚的采集技术和保育息息相关,台湾作为全世界最重要的宝石珊瑚产区,在采集技术的研究上可说是首屈一指,对珊瑚船的管理更是最为严格。在采集宝石珊瑚的同时又能够兼具环境保育,才能使美丽的宝石珊瑚永续生存。

## 1. 宝石珊瑚的采集

这些年笔者因研究宝石珊瑚,与宝石珊瑚采集船船长及海洋生物学者多有联系,从中得以了解,宝石珊瑚并不会造礁,生长的方式也与造礁珊瑚不同,不需跟海藻共生才能取得养分,而是单独猎食。很多宝石珊瑚生长在陡峭的深海悬崖,而并非鱼类的栖息地,所以在采集的过程中只要遵守捕捞程序便不会严重破坏海底生态环境。

珊瑚捕捞过程示意图

宝石珊瑚采集船的采集技术有可能会造成海床的破坏,对此中国台湾宝石珊瑚采集船的管理办法中设定了针对此项目的技术程序。首先除了在相关限定海域采集外,所有宝石珊瑚采集船必须在报准地点才可停船下网,航行途中一律不准停船;再则到达指定海域下网采集时,约30min必须起网离开海域,并且必须关闭引擎动力,随海流方向进行采集;下网采集前必须先探测深度,估计所放下网绳的长度等,渔会单位还要通过无线电与GPS定位器(内置了GPS模块和移动通信模块的终端)及随船观察员进行监督,纠正违规采集船,凡3次违反规定者,将受到撤销执照与没收船只等处罚。

1　2　3
　　4　5

1. 珊瑚采集船
2. 船上沉石与珊瑚网
3. 船侧卷轴
4. 雷达、声呐、GPS三机一体
5. 罗盘与舵

出海　　　　　　　　　　下网　　　　　　　　　　起网

珊瑚捕捞过程

## 2. 宝石珊瑚研究过程

为了确保所用标本的正确性,笔者在研究宝石珊瑚时,开始与宝石珊瑚采集船船长和海洋生物学者合作。在活体宝石珊瑚出水面之后,立即置入纯度95%的酒精浸泡封存,完整保留共肉与骨针,并将捕获的海域及深度明确记载,待渔船靠港后立即送给海洋生物学者进行品种分类,再将分类完成的标本亲自切割、研磨成形、抛光(或特殊洗光),而后进行各项检测,以确保各品种所测标本的正确性。

1
2 3
4 5 6

1. 将宝石珊瑚活体标本浸泡于95%的酒精中,并载明捕捞日期、采集海域、品种与深度
2. 分类存放的各品种活体标本必须标示产区与水深
3. 宝石珊瑚活体标本分类
4. 标本制作
5. 大型仪器的检测
6. 常规检测

## 3. 宝石珊瑚的保育

宝石珊瑚品种中的黑珊瑚已列入《华盛顿公约(附录Ⅱ)·中度严重保育项目》当中,也就是说除了限定产区外,凡未获准以及以非人工或潜艇机械手臂采集方式的均不得捕捞,在进出口项目当中也必须标示"CITES"字样(无伤害采集)。但黑珊瑚为何会被列入此项目中呢?原因在于:黑珊瑚生长于夏威夷海域的浅海(某些种类生长在水深30~110m的海域),因容易捕捞而导致滥采,致使产量锐减,加上黑珊瑚常与造礁珊瑚共生,船只捕捞时,时常造成大量造礁珊瑚受到损害。所以,经海洋生物学者及保育团体的评估后,决定采取保育措施。但绝大多数的宝石珊瑚品种经上述种种评估之后,证实目前并未达到足以影响生存的危机,所以并未受此限制,仍然可自由买卖。况且台湾采取产区休整并清除沉积倒枝,有助于营造珊瑚生长与繁殖的环境。

笔者(左)与"德成36号"船长张德川先生(右)

最近看到有些文章认为金珊瑚与黑珊瑚不属于宝石珊瑚。黑珊瑚虽受保育，但在各大宝石鉴定系统中明确指出它们确实是有机宝石品种。市场上的某些论述，特别强调它们并非是宝石珊瑚，实则违背了学术研究之精神。本书再次重申研究定论并非鼓励买卖，只是以正视听，让仿制品不再充斥于市面。就如象牙、玳瑁虽然为一级保育项目，但它始终为宝石品种的一分子（张蓓莉，2006）。

为了响应保育措施，中国台湾目前所拟定的珊瑚渔业管理方案真可说是目前全世界最完善，也是最严格的。它的具体操作为：除以GPS定位限定产区外（珊瑚采集船应于指定所列基隆外海、宜兰外海、台东外海、屏东外海及澎湖南方海域这5处海域从事作业，使产区得以休整），每船每年只容许捕捞200kg珊瑚（捕获量是指起网之捕获量），出口限定120kg珊瑚（以单艘珊瑚船计算）；每年许可出海作业日数，不得超过220日，而且渔业署会随时派遣观察员随船出海监督记录；每日必须填写渔捞日志（起网次数、地点、捕获种类，以及活枝、倒枝）；珊瑚船进港时，应停泊指定卸货区，由主管单位派人员会同当地渔会清点捕获的珊瑚种类及数量，并核对渔捞日志，未完成核对前不得卸货，以此让各产区得以休整繁殖；同时在指定产区海域进行捕捞以清除沉积倒枝，使未来之雏枝更有成长的空间与环境。

## 宝石珊瑚渔业渔船渔捞日志

日期： 年 月 日

船名：_____　　　作业网次数：_____

编号：CT___ _____　　　总渔获量：_____ kg

渔船船长：_____（签章）　　作业人数：_____ 人

渔具规格：支绳数 _____　　每支绳之网数：_____

| 网次 | 纬度 | 经度 | 下网时间 | 起网时间 | 下网深度（m） |
|---|---|---|---|---|---|
| 1 | N _____ | E _____ | 时 分 | 时 分 | |
| 2 | N _____ | E _____ | 时 分 | 时 分 | |
| 3 | N _____ | E _____ | 时 分 | 时 分 | |
| 4 | N _____ | E _____ | 时 分 | 时 分 | |
| 5 | N _____ | E _____ | 时 分 | 时 分 | |
| 6 | N _____ | E _____ | 时 分 | 时 分 | |
| 7 | N _____ | E _____ | 时 分 | 时 分 | |
| 8 | N _____ | E _____ | 时 分 | 时 分 | |

### 珊瑚渔获量(kg)

| 网次 | 赤色珊瑚（俗称Aka） | | | 桃红珊瑚（俗称momo） | | | 白珊瑚 | | | Miss珊瑚（俗称Miss） | | | 其他 |
|---|---|---|---|---|---|---|---|---|---|---|---|---|---|
| | 活枝 | 枯枝 | 虫枝 | 活枝 | 枯枝 | 虫枝 | 活枝 | 枯枝 | 虫枝 | 活枝 | 枯枝 | 虫枝 | |
| 1 | | | | | | | | | | | | | |
| 2 | | | | | | | | | | | | | |
| 3 | | | | | | | | | | | | | |
| 4 | | | | | | | | | | | | | |
| 5 | | | | | | | | | | | | | |
| 6 | | | | | | | | | | | | | |
| 7 | | | | | | | | | | | | | |
| 8 | | | | | | | | | | | | | |

请在填表后,于每航次返港3日内送地区渔会转报本会或所指定之机关

宝石珊瑚渔业渔船渔捞日志

# Chapter 4　宝石珊瑚的成分、繁殖与生长、构造与结构

赤红珊瑚原枝

# 宝石珊瑚的成分、繁殖与生长、构造与结构

赤红珊瑚原枝

宝石珊瑚依成分划分,可分成3种类型,因为不同类型的宝石珊瑚,生长与结构都大不相同,所以知道宝石珊瑚的成分便可将之归纳在相应的类型中。就像宝石学中的结晶学,将晶体划分为七大晶系,每种晶形与物理光学特性都对应其中的一个晶系,如此可以更容易帮助我们缩小品种的区分范围。

此外知道宝石珊瑚是如何繁殖与生长,才能清楚"构造"与"结构"是如何形成的。宝石珊瑚属于有机宝石,因此折射率值测试时所使用的折射液,不仅含有毒性,对宝石珊瑚而言更具有或多或少的腐蚀性。在秉持不使用破坏性测试的原则下,任何有机宝石都是被严格禁止测试折射率的,所以在宝石珊瑚的鉴定书上也就无法将折射率作为判定的依据。如此一来,构造与结构的观察便成为区分品种、鉴别优化处理品与仿制品的重要鉴别方法。

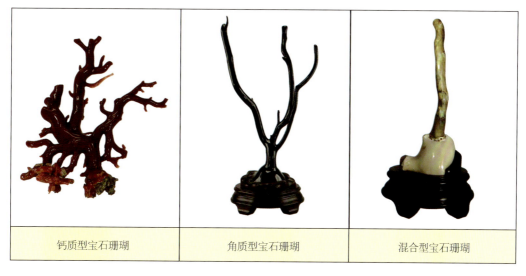

| 钙质型宝石珊瑚 | 角质型宝石珊瑚 | 混合型宝石珊瑚 |

成分类型的划分

# 1. 宝石珊瑚的成分与类型划分

宝石珊瑚依主要成分,大致上可分为3种类型,这3种类型中的各品种的主要成分相似,只在微量元素上有少许的差异。以钙质为主的宝石珊瑚,碳酸钙是主要成分,其次是碳酸镁及少量的硫酸铁、有机质、磷酸盐、硫酸钙和极少量的水,这是所有钙质型宝石珊瑚的成分。在不同的钙质型宝石珊瑚品种中,只在成分含量上有些许变化。主要品种有赤红珊瑚、桃红珊瑚、浓赤珊瑚等。

碳酸钙与生物胶

此外以角质为主的宝石珊瑚,角质便是主要成分,其次是有机质和少量的水。角质的成分就如同我们人类的头发和指甲一样(硬蛋白质),各品种的角质珊瑚均采用"生物胶"以沾黏的方式层层堆积,其中"生物胶"则扮演着极为重要的角色。主要品种有黑珊瑚、赤金珊瑚等。

另外根据ACME宝石研究中心的研究数据显示,宝石珊瑚除了上述以钙质与角质为主要成分的类型外,尚有一类型的宝石珊瑚是介于二者之间,那就是混合型宝石珊瑚。此类

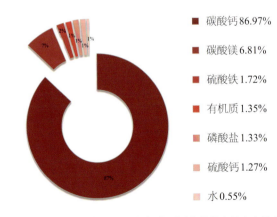

- 碳酸钙 86.97%
- 碳酸镁 6.81%
- 硫酸铁 1.72%
- 有机质 1.35%
- 磷酸盐 1.33%
- 硫酸钙 1.27%
- 水 0.55%

注:这是所有钙质型珊瑚的主要成分,在不同的品种中只有含量上的变化。

钙质型珊瑚成分分析图

型的宝石珊瑚主要成分为钙质、角质与金珊素（金珊素是一种复杂的蛋白质，它常包含溴、碘和酚基乙氨酸等元素）。最让人惊讶的是，它们的生长结构特征也是介于二者之间，其主要品种有金珊瑚、蓝珊瑚与黑金珊瑚等。

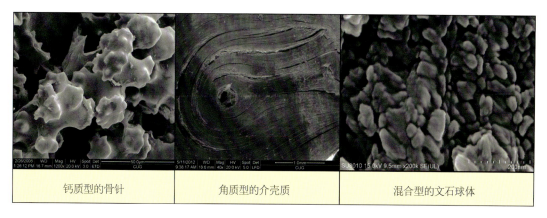

| 钙质型的骨针 | 角质型的介壳质 | 混合型的文石球体 |

类型结构

## 2. 宝石珊瑚的繁殖与生长

凡是提到宝石珊瑚许多人就会问起，这是不是宝石珊瑚？这是什么品种？到底有没有价值？由此可知，大家对宝石珊瑚的认知十分有限，首先必须了解宝石珊瑚的繁殖与生长，才能够进一步体会构造与结构的形成，因为不管是品种的分类，或是相似宝石的区分，以至于优化处理与仿制品的鉴定，都跟构造与结构有着密不可分的关系。所以，了解其繁殖、生长、构造、结构，便成为认识宝石珊瑚必要的课题。

## 迷漾的宝石珊瑚

因为宝石珊瑚所生长的环境处于深海，并不是一般水肺潜水和潜艇所能到达之处，所以研究的过程一直受到非常大的限制与阻碍。目前欧美国家已开始尝试采用深水潜艇进行探查，尤其是美国的夏威夷大学更是这方面研究的权威，目前已有多项突破性的研究成果，使得我们宝石学研究向前迈进了一大步，能更深入地了解宝石珊瑚的繁殖与生长。

首先，我们来了解宝石珊瑚是如何繁殖的？宝石珊瑚是雌雄分体，采用体内受精的方式进行交配，雄性宝石珊瑚将精子排入海水中，精虫则会寻找雌性宝石珊瑚进入虫体内使之受精，受精卵于雌性宝石珊瑚虫体内发育生长至幼虫时，离开母体，在适当地点着床生长，着床后的幼虫形成触手、口部、隔膜时开始具备捕食的能力，逐渐生产骨针，沾黏堆积轴骨，并陆续以分裂或出芽的方式增生为多珊瑚虫体，经10～20年后，才成熟并具有繁殖能力（视品种而有所不同）。

1 3
2

1. 着床生长初期
2. 出芽增生虫体
3. 成熟的宝石珊瑚

## Chapter 4 / 宝石珊瑚的成分、繁殖与生长、构造与结构

平常我们看到的宝石珊瑚,其实就是所谓的"轴骨",因外层常包裹一层红色、橘色、黄色或白色的共肉(共肉颜色视品种而不同),所以在未抛除外层共肉时是看不到轴骨的颜色的,而轴骨就是共肉里的骨针进行沾黏堆积而成,这也就是我们常见的钙质型宝石珊瑚。

此外依照生长的完整情况可区分为活枝、半倒与倒枝,也就是说可从以下方面判断宝石珊瑚在海中的生命状况:活枝整体结构完整,轴骨内外无特别损伤,生命现象极强;半倒则是珊瑚轴骨出现部分或全部损伤,受伤或死亡不久,局部受损但尚未造成大规模蛀孔与白化等现象;倒枝也就是珊瑚已死亡多时,轴骨可呈全数或大部分蛀孔、白化等现象。另外,尚有一种名为黑化的现象,这是因为海底火山中的硫化物造成珊瑚死亡,因外部有黑色、褐色物包裹,内部保留完整,待去皮后常能获得质量极优的轴骨。

龟山珊瑚的共肉与珊瑚虫

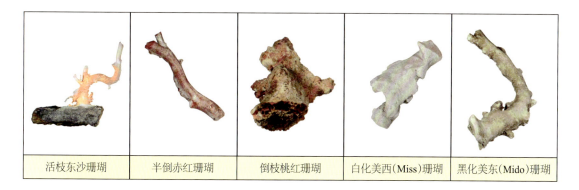

| 活枝东沙珊瑚 | 半倒赤红珊瑚 | 倒枝桃红珊瑚 | 白化美西(Miss)珊瑚 | 黑化美东(Mido)珊瑚 |

宝石珊瑚的活枝、倒枝类型

# 3. 宝石珊瑚的构造与结构

由上述可知,大家平时所见的宝石珊瑚其实就是轴骨,对宝石珊瑚而言,轴骨的作用除了支撑共肉与珊瑚虫体外,另外还包括扩充宝石珊瑚的领域,借由如树木般的外形,形成主干与分枝,以扩大捕食范围,所以我们称宝石珊瑚具有树枝状构造。简单地说也就是宝石珊瑚的整体外形像树木一般,由树干和树枝的形态所组成,因此构造便可让我们轻易地分辨宝石珊瑚与仿制品。

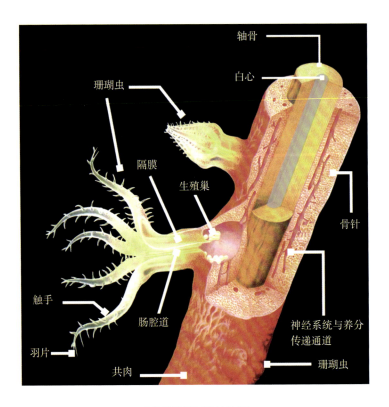

宝石珊瑚生理结构图

# Chapter 4 / 宝石珊瑚的成分、繁殖与生长、构造与结构

在宝石珊瑚的繁殖与生长中，我们曾提到宝石珊瑚的轴骨是碳酸钙晶体（骨针），经胶合沾黏堆积所形成，在覆盖的层与层之间所形成的结构因品种各异而有所不同，这便是让我们能够区分不同品种宝石与相似宝石的重要依据。

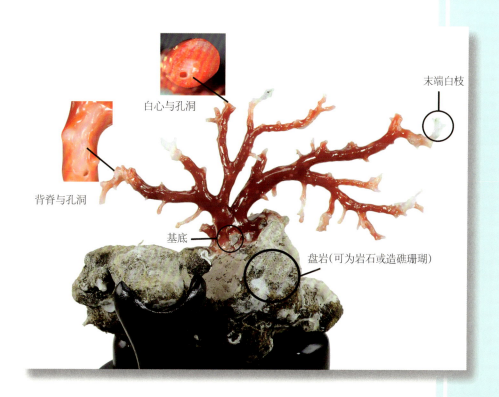

赤红珊瑚原枝构造说明图

鉴定宝石珊瑚常观察的结构

宝石珊瑚与仿制品的构造

# Chapter 5　市场常见的宝石珊瑚品种

浓赤珊瑚原枝

# 市场常见的宝石珊瑚品种

桃红珊瑚胸针
雕刻：黄清德
金工：王进登

分辨宝石珊瑚的品种与其价格息息相关，很多人只看到红色就认为是赤红珊瑚(阿卡)，殊不知呈红色的珊瑚品种数量繁多，而且价格南辕北辙，更重要的是"阿卡珊瑚"代表品种而不是颜色。赤红珊瑚(阿卡)有许多颜色，其中包括浓红、艳红、红、橘、粉红、白等色，而且其他品种也具有相近色系。所以，如何有效地区分品种，再正确地划分颜色，这便是喜爱与投资宝石珊瑚的人们需要学习的主要课程。其售价随流行区域的不同而有所差别，有的相差数倍，甚至数十倍。

所以正确地将品种区分开来，才不至于买错甚至买贵，再者了解品种能更进一步有效地把仿制品鉴别出来。因此，为了让大家更了解宝石珊瑚品种，接下来我们将着重于各品种、产地与种类的介绍。

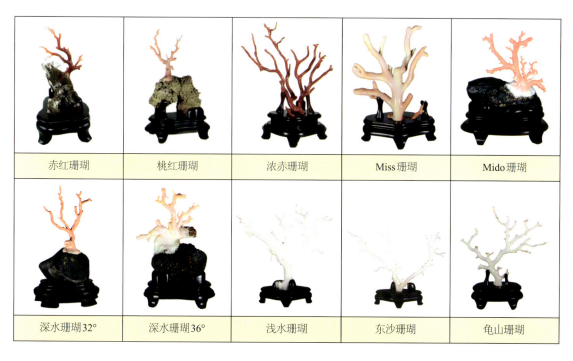

| 赤红珊瑚 | 桃红珊瑚 | 浓赤珊瑚 | Miss珊瑚 | Mido珊瑚 |
| 深水珊瑚32° | 深水珊瑚36° | 浅水珊瑚 | 东沙珊瑚 | 龟山珊瑚 |

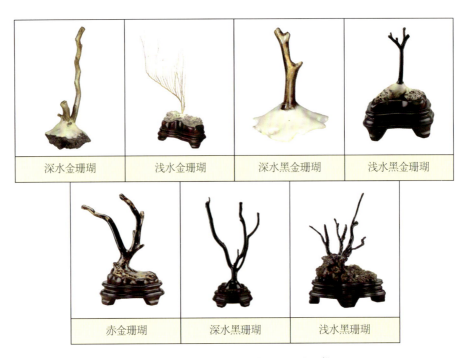

13个品种(含亚种18种)的宝石珊瑚

## 1. 赤红珊瑚

赤红珊瑚(学名：*Corallium japonicam* Kishinouye)俗称"阿卡"(A-Ka 或 A-Ka Red Coral)。"阿卡"这个词在日文中表示"红色"的意思。现在只要讲到"阿卡"大家便联想到赤红珊瑚，这个名词几乎成为赤红珊瑚的代名词了。

赤红珊瑚

赤红珊瑚是生长在太平洋海域的宝石珊瑚品种,生物学分类隶属于八放珊瑚亚纲(Octocorallia)玉树珊瑚科(又称红珊瑚科)(Corallidae),轴骨可呈现白、米白、粉红、橘红、红、深红等色,由此可知阿卡并不止是只有红色,阿卡也不是颜色的代表,它是一个生物种。

赤红珊瑚主要产地位于台湾西南方到东部沿100m、200m的等深线,经琉球群岛到日本南部海域。台湾东南方兰屿海域所产的赤红珊瑚质量最好,除质地相较其他产区坚硬外,光泽与透明度均属最佳,赤红珊瑚大多分布水深为110～360m。

赤红珊瑚的原枝呈树枝状构造,活枝在其表面常裹着一层米黄—橘红色粉末,本体与基底结构一致,原枝表面可见生长纵纹,抛光后质地较好的赤红珊瑚因结构非常细腻常不易观察。在横切面可见白心、类同心环状生长纹及放射纹,末端可见白枝,抛光表面呈弱玻璃光泽—玻璃光泽,透明度呈微透明—亚透明。此外在本体与分枝处的横切面或背面常可见生长孔洞与背脊。半倒与倒枝的赤红珊瑚,轴骨内外可呈大小不一的白花与蛀孔。

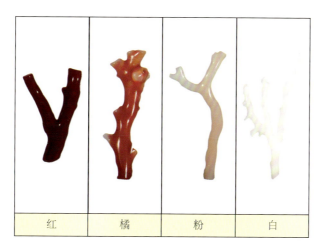

各种颜色的赤红珊瑚

/迷/漾/的/宝/石/珊/瑚

赤红珊瑚的共肉

赤红珊瑚轴骨上的纵纹与末端白枝

横切面白心周围常伴有孔洞

细腻的结构上呈现玻璃光泽

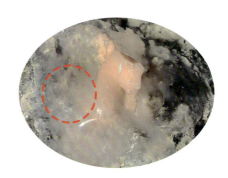

赤红珊瑚的透明度高

Chapter 5 / 市场常见的宝石珊瑚品种

　　赤红珊瑚犹如浴火凤凰般典雅高贵,因色彩艳丽赢得世人对它的喜爱。其实赤红珊瑚的美不仅仅如此,其结构细腻、光泽亮丽与高透明度更居所有宝石珊瑚品种之冠,因此赤红珊瑚就成为最适合制作成珠宝首饰的珊瑚品种之一,由此可知,欣赏赤红珊瑚需从细致度、光泽与透明度着眼,再者才是对其色彩的评鉴。一般人往往只看赤红珊瑚的外在美(颜色)而忽略其内在美(结构、光泽、透明度),所以在购买或欣赏赤红珊瑚时,一定别忘了要综合判断,唯有这样才能深入体验"阿卡之美"。

　　此外根据笔者所在单位的访查信息可知,早期欧洲商人从太平洋产区取得的一种淡粉红色透明的珊瑚品种,送至意大利加工时,因为所加工出的产品白里透粉、细致光亮,加上略带透明,在视觉上吹弹可破,犹如初生婴儿般的肌肤,进而相传为"天使之肤"(Angel skin)。现今在无法实质考证的情况之下,大部分业内人士则是将淡粉红色的宝石珊瑚品种皆定为"天使之肤"。

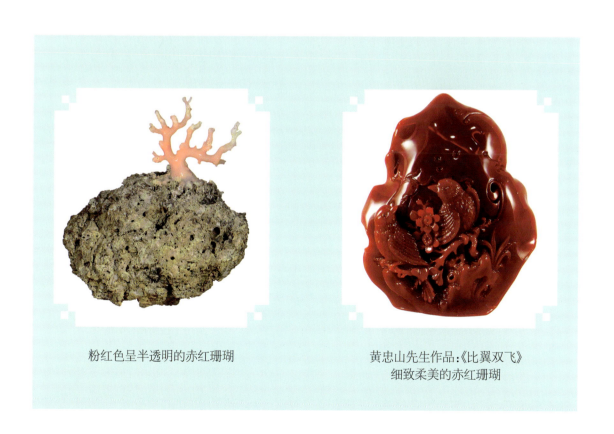

粉红色呈半透明的赤红珊瑚　　　　黄忠山先生作品:《比翼双飞》
　　　　　　　　　　　　　　　　　细致柔美的赤红珊瑚

## 2. 桃红珊瑚

桃红珊瑚

桃红珊瑚(学名：*Corallium elatius* S. Ridl.)俗称 momo Coral。"momo"这个名词在日文中表示"桃子"的意思，因为这个品种有一种特殊色，如成熟的蜜桃般，因而得名。目前市场上几乎都是以此名词称呼桃红珊瑚。

桃红珊瑚是生长在太平洋海域的宝石珊瑚品种，生物学分类隶属于八放珊瑚亚纲(Octocorallia)玉树珊瑚科(又称红珊瑚科)(Corallidae)，轴骨可呈现白、米白、粉红、桃红、橘红、红等色，少数接近深红等色。

桃红珊瑚主要产地涵盖范围较广，从日本南部经中国台湾至南中国海，南至菲律宾北部，而且有许多范围与赤红珊瑚产区相互重叠，大多分布水深为110～400m，所以常可见到两个品种共生的现象。

桃红珊瑚的原枝呈树枝状构造，活枝在其表面常裹着一层米黄—橘红色粉末，本体与基底结构一致,本体表面具明显易见的纵纹,基底以下的盘岩可为岩石或造礁珊瑚。整体前后结构生长完整,并无背脊。半倒与倒枝的桃红珊瑚,轴骨内外可呈大小不一的白花与蛀孔。

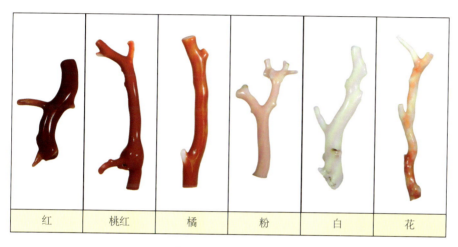

| 红 | 桃红 | 橘 | 粉 | 白 | 花 |

各种颜色的桃红珊瑚

桃红珊瑚犹如稳重大方、端庄华丽的名媛,散发出无人可挡的气息,如蜜桃般的肌肤,更衬托出世间少有的风情,这就是桃红珊瑚的迷人之处。此外,桃红珊瑚具独特的生长纹理,在进行雕刻摆件或花件时,相较其他宝石珊瑚品种更具三维立体感,因此市面上许多雕件大多以桃红珊瑚进行雕刻。

从"桃红珊瑚"这个名词词义上,似乎只体现了桃红珊瑚的桃红色,其实不然。桃红色只是该品种最具代表性的颜色,淡粉色系的桃红珊瑚目前在市场上被定为"天使之肤"的主流,是除了少数近深红色的桃红珊瑚外,最具有价值的种类。

桃红珊瑚的共肉

桃红珊瑚较明显的纵纹

桃红珊瑚呈油脂光泽

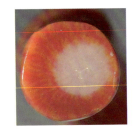

桃红珊瑚较圆、较大的白心及类同心环状结构

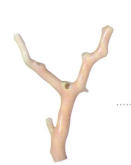

淡粉红色的桃红珊瑚是"天使之肤"的主流

生长在鲸豚脊椎骨上的桃红珊瑚

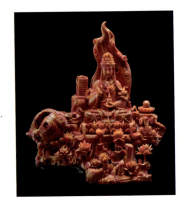

黄忠山先生作品：《圆满观世音菩萨》

## 3. 浓赤珊瑚

浓赤珊瑚

浓赤珊瑚（学名：*Corallium rubrum*）俗称沙丁（以沙丁尼亚岛命名），是生长在欧非地中海的宝石珊瑚品种，生物学分类隶属于八放珊瑚亚纲（Octocorallia）玉树珊瑚科（又称红珊瑚科）（Corallidae），轴骨可呈粉、橘红、红、深红等色。

浓赤珊瑚主要产地位于地中海周边海域，大多分布水深为30～200m，因生长深度不一，所以可用人工水肺下潜或珊瑚采集船的方式进行捕捞，以意大利西西里岛所产的浓赤珊瑚质量为最好。

浓赤珊瑚原枝呈树枝状构造，整体枝形与太平洋产区所产的宝石珊瑚相较，明显娇小。活枝表面常裹着一层较厚的橘红色粉末共肉，本体与基底结构一致，本体表面可见纵纹延伸至基底，表面生长纵纹较为明显，基底以下的盘岩大多为造礁珊瑚，整体结构前后生长一致，并无背脊，有时可见富集椭圆形凹坑。分枝末端的轴骨呈较扁平状及似网状愈合分布，抛光后表面常呈油脂

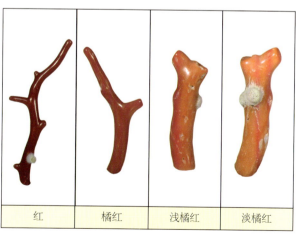

| 红 | 橘红 | 浅橘红 | 淡橘红 |

各种颜色的浓赤珊瑚

光泽—弱玻璃光泽,若佩戴时不注意保养则易褪至近蜡状光泽。透明度大多呈微透明,极少数呈半透明,活枝有时亦可见因生长快速而缺乏致密所产生的空洞及纹理。半倒与倒枝的浓赤珊瑚,轴骨的表面与内部常形成白花、蛀孔或蛛网纹。

浓赤珊瑚的共肉

浓赤珊瑚基底可见
极粗的纵纹与造礁珊瑚的盘岩

从横切面可看到浓赤
珊瑚较粗的粒状结构

Chapter 5 / 市场常见的宝石珊瑚品种

浓赤珊瑚末端表面常可见许多椭圆形凹坑

浓赤珊瑚的透明度较差,而且常呈现油脂光泽

在欧洲,浓赤珊瑚犹如皇室公主般深受尊敬与喜爱,毕竟在太平洋产区的宝石珊瑚尚未被发现及开发前,浓赤珊瑚是世界上宝石珊瑚的一枝独秀,焦点聚集数万年,足以称为永远的"最美丽的公主",光环至今未减。

粉色、橘色、红色的浓赤珊瑚手链
(由上至下)

浓赤珊瑚很早就被人们运用制成珠宝首饰,在欧美各国均有着许多关于浓赤珊瑚的历史与传说。这些典故深入人心,如同中国的"玉石文化"般,神圣且不可替代。

55

## 4. Miss 珊瑚

Miss 珊瑚(学名:*Corallium Seundum*)俗称美西,此名称是意大利的珊瑚商至日本采购珊瑚时,首次见到这种珊瑚品种,发现它有着如同少女肌肤般的细致粉嫩,随口称之为"Miss",因而抢购一空。但由于当时日本为盘商,他们在向台湾渔民进料时,因发音的关系(英翻日)将它称为"Misu",最后台湾渔民也因用闽南语相传(日翻闽)而得名"美西"(闽南语)。

Miss 珊瑚是生长在太平洋海域的宝石珊瑚品种,生物学分类隶属于八放珊瑚亚纲(Octocorallia)玉树珊瑚科(又称红珊瑚科)(Corallidae),轴骨可呈白、粉、粉红、浅橘等色,目前并没有发现呈特别深红色的品种。

Miss 珊瑚主要产地位于琉球群岛海域,经钓鱼岛、兰屿、鹅銮鼻至东沙群岛海域,以及美国夏威夷群岛海域等地区,大多分布水深为280~700m。

Miss 珊瑚

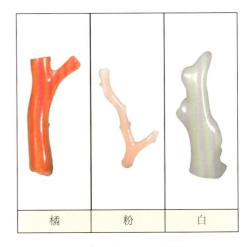

| 橘 | 粉 | 白 |

各种颜色的 Miss 珊瑚

Miss珊瑚呈树枝状构造,活枝原枝表面常包裹一层淡粉红色或淡黄色的粉末,本体与基底结构一致,原枝表面生长纵纹细腻,基底以下的盘岩大多为岩石,少数为造礁珊瑚。末端细枝可见白枝,整体结构细腻,在正面生长完整,背面的背脊连接白心呈乳白色领结状结构。半倒与倒枝的美西珊瑚,在轴骨可形成粉末化的白花(白化)或蛀孔。

Miss珊瑚表面淡橘色粉末的共肉

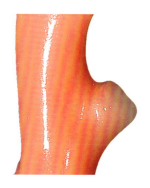

Miss珊瑚常呈弱玻璃光泽

Miss珊瑚横切面可见白心
是从背脊处开始向内渐层晕染

/迷/漾/的/宝/石/珊/瑚

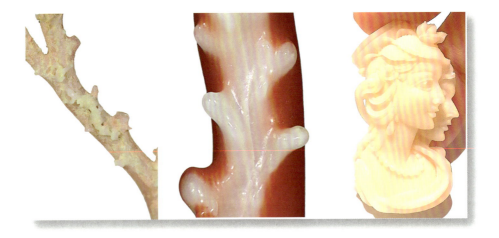

1 2 3
1. Miss珊瑚活枝背脊上的背盖
2. Miss珊瑚的背脊像是一个个串联起来的蝴蝶结
3. 黄忠山先生作品:《西洋美人头》

Miss珊瑚的质地细腻,但色泽不单一,而是具有某种程度深浅晕染的朦胧美,犹如情窦初开的少女般,充满无限情怀。其粉色系因与上述桃红珊瑚的淡粉色系相同,目前在市场均定为"天使之肤"。

Chapter 5 / 市场常见的宝石珊瑚品种

## 5. Mido 珊瑚

Mido 珊瑚（学名：*Corallium Regale*）俗称美东，此名称是以产区中途岛（Midway Islands）命名，由于 Miss 已被称之为"美西"，因此台湾渔民干脆就把 Mido 叫做"美东"了（亦称美都）。

Mido 珊瑚是生长在太平洋海域的宝石珊瑚品种，生物学分类隶属于八放珊瑚亚纲（Octocorallia）玉树珊瑚科（又称红珊瑚科）（Corallidae），轴骨可呈白、浅粉红、粉红、粉橘、巧红等色，目前并没有发现呈特别深红色的品种。

Mido 珊瑚主要产地位于台湾东南方的兰屿及美国中途岛等海域，大多分布水深为 400～600m。

Mido 珊瑚

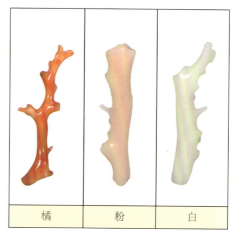

| 橘 | 粉 | 白 |

各种颜色的 Mido 珊瑚

Mido珊瑚呈树枝状构造,活枝原枝表面常包裹一层淡黄—橘色的粉末,本体与基底结构一致,基底以下的盘岩大多为岩石,轴骨表面可见生长纵纹,部分美东未抛磨时可见表面呈颗粒状的橘皮结构,背脊是由许多尖锐且间隔较大的三角锥形短刺所构成的蜈蚣状结构,背脊有时环绕轴骨呈螺旋分布。半倒与倒枝的美东珊瑚,在轴骨可形成粉末化的白花。

Mido珊瑚的共肉

Mido珊瑚环绕轴骨的螺旋状背脊

Mido珊瑚独特的生长纹

Chapter 5 / 市场常见的宝石珊瑚品种

Mido珊瑚背脊尖锐的短刺呈蜈蚣状分布

Mido珊瑚花件

Mido珊瑚的盘岩大多以岩石为主

---

　　Mido珊瑚大多呈现粉色、橘色系，犹如艳阳下的海滩女郎，使人有健康活力的视觉感受。此外，Mido珊瑚的色系中也具淡粉红色，此色系因稀有而深受欧美等地的人们喜爱，在目前市场也均定为"天使之肤"。

61

## 6. 深水珊瑚

深水珊瑚(学名:*Corallium* sp.),因目前所采集的宝石珊瑚中生长水域最深,因而以深浅度进行命名。

32°枝　　　　　　　　36°枝

深水珊瑚

## Chapter 5 / 市场常见的宝石珊瑚品种

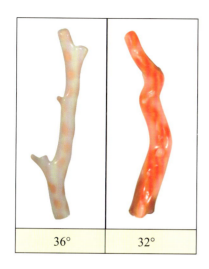

| 36° | 32° |

深水珊瑚的颜色

深水珊瑚的共肉

深水珊瑚是生长在太平洋海域的宝石珊瑚品种,生物学分类隶属于八放珊瑚亚纲(Octocorallia)玉树珊瑚科(又称红珊瑚科)(Corallidae),依产地水域又可分为两种类型:一种是轴骨呈淡粉色—粉红色,并略带红色或橘红色斑点、团块,又称32°枝;另一种则是轴骨呈米白—淡粉色,并略带红色或橘红色斑点、团块等,又称36°枝。

深水珊瑚主要产地位于美国中途岛海域,可分北纬32°与北纬36°两个产区,而且两个产区所产出的品种略有不同。北纬32°产区大多分布水深为900~1200m;北纬36°产区大多分布水深为1500~1800m,目前采集最深可达到2500m深的水域。

深水珊瑚呈树枝状构造,活枝原枝表面常包裹一层淡粉—粉橘色的粉末,本体与基底结构一致,基底以下的盘岩大多为岩石或沉积砂岩,轴骨表面可见生长纵纹,在枝形表现方面相较其他宝石珊瑚品种更带有力与美的质感(深水珊瑚与深水金珊瑚皆有此特征),表面常可见因出水失压而造成的裂隙,有时在分枝末端可见似"掌状"的结构。本体前后一致,所以并无背脊。半倒与倒枝的深水珊瑚,在轴骨可形成灰白色粉末化。

/迷/漾/的/宝/石/珊/瑚

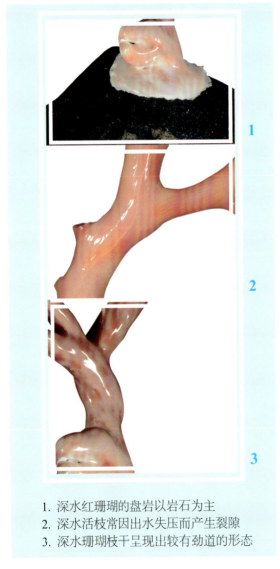

产于北纬36°的深水活枝色彩在白色基底上呈红橘点状或斑块分布

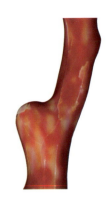

产于北纬32°的深水活枝色彩呈较鲜艳的斑块分布

1. 深水红珊瑚的盘岩以岩石为主
2. 深水活枝常因出水失压而产生裂隙
3. 深水珊瑚枝干呈现出较有劲道的形态

黄清德先生作品：
《仕女的帽子》
深水36°珊瑚帽

　　深水珊瑚犹如端庄贤淑、妩媚动人的熟女，无论在枝形或体态上，均可发现力与美的巧妙结合，尤其原枝的深水珊瑚枝形，常表现出苍劲有力的美感（如书法或国画中所形容的劲道），所以无论摆件或是成品，都有着独到的成熟美。

Chapter 5 / 市场常见的宝石珊瑚品种

## 7. 浅水珊瑚

浅水珊瑚

浅水珊瑚(学名:*Corallium Sulcatum*),因所产海域与深水珊瑚相近,且所处的水域较浅,取名为"浅水珊瑚"。

浅水珊瑚是生长在太平洋海域的宝石珊瑚品种,生物学分类隶属于八放珊瑚亚纲(Octocorallia)玉树珊瑚科(又称红珊瑚科)(Corallidae),轴骨可呈白、淡粉、粉橘等色。

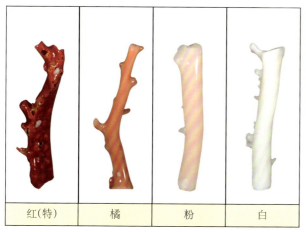

各种颜色的浅水珊瑚

浅水珊瑚主要产地位于台湾兰屿、东沙群岛海域、美国中途岛海域,大多分布水深为600~900m。

浅水珊瑚呈树枝状构造,活枝原枝表面常包裹一层淡米黄—淡粉橘色的粉末,本体与基底结构一致,基底以下的盘岩大多为岩石,极少数为造礁珊瑚,轴骨结构细腻不易观察到纵纹,在枝形表现上呈扁平状,背脊呈似荷叶边状结构,分布在左或右两侧。半倒与倒枝的浅水珊瑚,在轴骨可形成灰白色粉末化,极少数发现蛀孔现象。

1
2

1. 浅水珊瑚的背盖
2. 浅水珊瑚的荷叶边状的背脊

浅水珊瑚表面包裹一层
淡米黄—淡粉橘色的共肉

Chapter 5 / 市场常见的宝石珊瑚品种

**1**
**2**

1. 浅水珊瑚独特的生长纹是重要的诊断特征
2. 黄清德先生作品：浅水珊瑚雕刻的花件

浅水珊瑚的轴骨与白心

浅水珊瑚拥有超越婴儿肌肤的细腻结构，以及似彩带般的裙摆，像极了端坐云上雍容华贵的仙子，令人无比惊艳。虽说枝体娇小，但依然让人爱不释手。浅水珊瑚细致的结构是它的一大特点，常与东沙珊瑚相提并论，二者被认为是"绝代双娇"。但唯一的缺点就是本体呈扁平状的结构，以及较小的体型，使它不易加工，所以市场上大多以原枝呈现，较少见到雕件或平面加工品。

# 8. 东沙珊瑚

东沙珊瑚（学名：*Paracorallium Inutile*），是以唯一产区东沙群岛（Pratas Island）的名称进行命名的。

东沙珊瑚是生长在太平洋海域的宝石珊瑚品种，生物学分类隶属于八放珊瑚亚纲（Octocorallia）玉树珊瑚科（又称红珊瑚科）（Corallidae），轴骨可呈白、淡粉、粉橘等色。

东沙珊瑚主要产地位于东沙群岛海域，大多分布水深为180～400m。

东沙珊瑚呈树枝状构造，活枝原枝表面常包裹一层淡米黄—淡粉橘色的粉末，本体与基底结构一致，基底以下的盘岩大多为岩石，极少数为造礁珊瑚，轴骨结构细腻不易观察到纵纹，整体结构在正面生长完整，背面则生长背脊，背脊两侧长有短状细针沿背脊中间的白心纵向分布，而横切面则较为圆化。半倒与倒枝的东沙珊瑚，在轴骨可形成灰白色粉末化。

东沙珊瑚

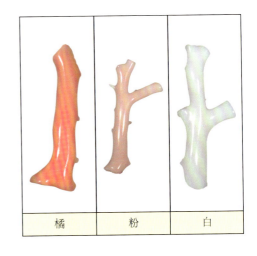

各种颜色的东沙珊瑚

Chapter 5 / 市场常见的宝石珊瑚品种

| 1 | | 3 |
|---|---|---|
| | 2 | |
| 4 | | 5 |

1. 东沙珊瑚表面浅橘色共肉
2. 东沙珊瑚大多以岩石为盘岩
3. 背脊上可见背盖
4. 短刺沿背脊两侧生长
5. 横切面可见背脊上的短刺与白心

## 迷漾的宝石珊瑚

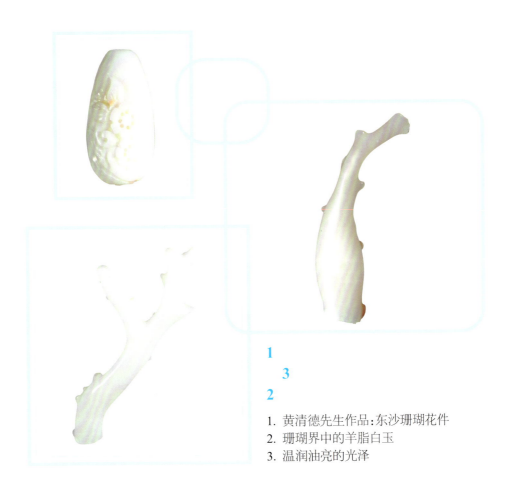

1. 黄清德先生作品：东沙珊瑚花件
2. 珊瑚界中的羊脂白玉
3. 温润油亮的光泽

---

古人以白玉代表"五德"（仁、义、礼、智、信），为才子佳人所向往，东沙珊瑚以媲美白玉的结构与色泽，更可堪称"秀外慧中的才女"，品德与容貌兼具，实在是难以多得的宝石珊瑚品种。东沙珊瑚超细腻的结构、如玉石(软玉)般的透明度、特有的温润光泽，加之悠久的历史(可能在晋朝时期就已被人们发现)，让笔者第一次见到它时直称它为"中华珊瑚"。此外，白色略带粉红色的种类，更神似白玉中的极品——羊脂白。

Chapter 5 / 市场常见的宝石珊瑚品种

## 9. 龟山珊瑚

龟山珊瑚

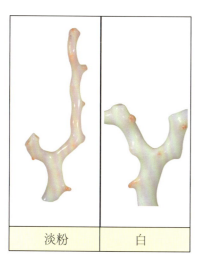

龟山珊瑚的色彩

龟山珊瑚(学名:*Corallium Konojoi*),由于首次在龟山岛海域发现,因此以此岛的名称进行命名。

龟山珊瑚是生长在太平洋海域的宝石珊瑚品种,生物学分类隶属于八放珊瑚亚纲(Octocorallia)玉树珊瑚科(又称红珊瑚科)(Corallidae),轴骨可呈白、淡粉红等色,轴心则呈橘红色,是相当特殊的宝石珊瑚品种。

龟山珊瑚主要产地位于龟山岛、澎佳屿、钓鱼岛等海域,大多分布水深为130～200m。

龟山珊瑚呈树枝状构造,活枝原枝表面常包裹一层淡黄—橘红色的粉末并具红点,本体与基底结构一致,基底以下的盘岩大多为造礁珊瑚,少数生

## 迷漾的宝石珊瑚

长在岩石上,轴骨表面可观察到生长纵纹,经抛光后则较不易观察,整体结构前后较完整一致并无背脊,与其他宝石珊瑚最大的差异,则是在横切面可观察到橘红色心。半倒与倒枝的龟山珊瑚,在轴骨的表面与内部形成或多或少的白花与蛀孔。

龟山珊瑚犹如清水芙蓉,内心(轴心)却是热情如火,像极了清新优雅的淑女,独特温润的质感有着无穷魅力,尤其是那讨喜的橘红色心,更是可爱到让人爱不释手。

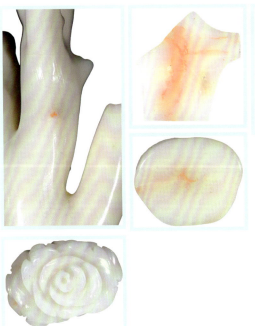

1 2 3 4
  5
6

1. 龟山珊瑚分枝上的橘红色心与生长纵纹
2. 龟山珊瑚纵切面的橘红色心
3. 龟山珊瑚的共肉
4. 龟山珊瑚的珊瑚虫
5. 龟山珊瑚横切面的橘红色心
6. 黄清德先生作品:龟山珊瑚花件

Chapter 5 / 市场常见的宝石珊瑚品种

## 10.金珊瑚

深水金珊瑚

浅水金珊瑚

金珊瑚

金珊瑚(学名:*Acanthogorgia multispina*),拥有如黄金般耀眼的体色,再加上还有类似欧泊的变彩,更增添了许多梦幻般的神秘色彩,故得此名。

金珊瑚是生长在太平洋海域的宝石珊瑚品种,生物学分类隶属于八放珊瑚亚纲(Octocorallia)金树珊瑚科(Acanthogorgiidae),轴骨可呈金黄色、褐黄色,并带有晕彩与变彩等特殊光学效应。

金珊瑚依生长环境可区分为深水金珊瑚与浅水金珊瑚两个种类,深水金珊瑚产于太平洋地区中途岛海域,水深为900~2500m;浅水金珊瑚则是在夏威夷群岛中的茂伊岛与台湾西南部海域,水深350~600m产出。

| 金 | 蓝绿 | 紫 |

深水金珊瑚有着如欧泊般的变彩

金珊瑚本体呈金黄色、褐黄色,基底则是像钙质型的白珊瑚一样,活枝表面包裹着一层如米粒般的米白色共肉,整体像树木且具分枝构造,深水金珊瑚基底以下的盘岩为岩石或沉积砂岩;浅水金珊瑚基底以下的盘岩,则可为造礁珊瑚或岩石。在本体表面深水金珊瑚纵纹非常明显并延伸至基底,纵纹间带有较明显的波状纹,本体的混合型轴骨与钙质型的基底连接;浅水金珊瑚纵纹与波状纹相对细小,有些甚至不易观察到,基底也同样无法明显观察到纵纹。倒枝与半倒的金珊瑚,表面会形成灰黄—褐黄色的片状、不规则状碎片,致使层层剥离而瓦解。

## 深水金珊瑚

深水金珊瑚混合型轴骨与钙质型基底有着粗而明显的纵纹

抛光后的深水金珊瑚纵纹依然明显易见

## 浅水金珊瑚

浅水金珊瑚混合型轴骨与钙质型基底纵纹较不明显

抛光后的浅水金珊瑚纵纹依旧不明显

Chapter 5 / 市场常见的宝石珊瑚品种

金珊瑚的主要成分为钙质、角质与金珊素(金珊素是一种复杂的蛋白质,它常包含溴、碘和酚基乙氨酸等)。在宝石学的类型划分中,因为金珊瑚同时拥有钙质与角质等成分,因此笔者所在的ACME宝石研究中心将金珊瑚归类在混合型珊瑚中,以利学术分辨。

深水金珊瑚的外观以金黄色为底色(常带有金属感的光泽),伴有黄色、褐色、绿色、粉色、银色、蓝色、紫色等变彩;浅水金珊瑚的颜色外观则是以金黄色为底色,不常或鲜少伴有明显的变彩,而变彩一般以褐黄色与浅绿色居多。金珊瑚钙质中的文石形成球体(类似欧泊中的石英球体),经干涉与衍射而使白光分离,形成如同彩虹般的色斑,达到绚烂的效果,从而产生变彩。

深水金珊瑚的盘岩
常以岩石为主

浅水金珊瑚的盘岩
常以造礁珊瑚为主

金珊瑚横切面观察
深水(左)、浅水(右)

/迷/漾/的/宝/石/珊/瑚

　　如果以具豪门气质的贵妇来形容赤红珊瑚，那么金珊瑚就更像身着金色外衣"深闺独处"的富家千金。金珊瑚不仅拥有雍容华贵的外表，更有着五彩缤纷的变彩伴衬，吸睛指数爆表。

深水金珊瑚

浅水金珊瑚

Chapter 5 / 市场常见的宝石珊瑚品种

深水金珊瑚金黄色的底色常伴有黄色、褐色、绿色、粉色、银色、蓝色、紫色等多重变彩

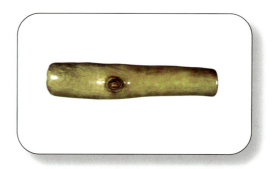

浅水金珊瑚的变彩常较为单一

浅水金珊瑚(右)与赤红珊瑚(左)共生

/迷/漾/的/宝/石/珊/瑚

## 11. 黑金珊瑚

黑金珊瑚（学名：*Acanthogorgia multispina*），属于金珊瑚的亚种，再加上有较黑的体色，因而得名。

黑金珊瑚是生长在太平洋海域的宝石珊瑚品种，生物学分类隶属于八放珊瑚亚纲（Octocorallia）金树珊瑚科（Acanthogorgiidae），轴骨可呈深褐黄、古铜、黑等色，并可带晕彩与变彩等特殊光学效应。

黑金珊瑚依生长环境可区分为深水黑金珊瑚与浅水黑金珊瑚两个种类。深水黑金珊瑚产于太平洋地区中途岛海域，水深为900～2500m；浅水黑金珊瑚则产于夏威夷群岛中的茂伊岛与中国台湾屏东海域至东沙群岛，水深在350～600m间均有产出，基本上与金珊瑚的产区重叠。

深水黑金珊瑚本体呈深褐黄色，而浅水黑金珊瑚则呈黑色、古铜色，二者基底都

深水黑金珊瑚

浅水黑金珊瑚

黑金珊瑚

Chapter 5 / 市场常见的宝石珊瑚品种

像钙质型白珊瑚一样,活枝表面包裹一层褐黄色或深褐黄色的共肉,整体像树木且具分枝构造;深水黑金珊瑚基底以下的盘岩为岩石,浅水黑金珊瑚基底以下的盘岩则可为造礁珊瑚或岩石;在本体表面二者纵纹均非常明显并延伸至基底;倒枝或半倒的深水黑金珊瑚,表面会形成灰黄—褐黄色的碎片,浅水黑金珊瑚表面则形成灰黑色片状、不规则状的碎片,分布于轴骨,致使层层剥离而瓦解。

1. 深水黑金珊瑚以岩石为盘岩
2. 浅水黑金珊瑚以造礁珊瑚为盘岩

黑金珊瑚的主要成分为钙质、角质与金珊素。其实与金珊瑚相同,在宝石学的类型划分中,也是将黑金珊瑚归类于混合型珊瑚中。

深水黑金珊瑚的外观以深褐黄色为底色,有时可见咖啡—黑色的斑块(常带有较强金属光泽)并伴有黄色、褐色、绿色、粉色、银色、蓝色、紫色等变彩;浅水黑金珊瑚的外观则常以深咖啡色或黑色为底色,变彩则较为单一,一般以古铜色晕彩居多,有些经强光照射也可见耀眼的晕彩。此外,黑金珊瑚中,另有一个濒临绝种的罕见的种类——"宝石蓝珊瑚",宝蓝色的底色加上蓝色的变彩,是名副其实的"海中的蓝宝石"。

1. 浅水黑金珊瑚较平直的纵纹
2. 黑金珊瑚横切面(左为深水,右为浅水)

黑金珊瑚与"深闺独处"的富家千金——金珊瑚同为门当户对的闺中密友，由于底色较黑，形成黑欧泊效应，使得变彩与底色形成强烈对比，让它更加耀眼动人，堪称"走在流行前沿的时尚女郎"。

浅水黑金珊瑚经强光
照射可呈现如火焰般的变彩

深水黑金珊瑚
如金属般艳丽的变彩

黑金珊瑚中的神秘品种——宝石
蓝珊瑚拥有如蓝宝石般的晕彩

Chapter 5 / 市场常见的宝石珊瑚品种

## 12.黑珊瑚

深水黑珊瑚

浅水黑珊瑚

黑珊瑚

黑珊瑚(*Antipathes*)，因其体色纯黑而得名。

黑珊瑚科中以日本黑珊瑚(学名：*Antipathes japonica*)和长黑珊瑚(学名：*Antipathes densa*)最为著名，是生长在多处海域的宝石珊瑚品种，生物学分类隶属于六放珊瑚亚纲(Hexacrallia)黑珊瑚科(Amtipathes)，轴骨可呈深褐、褐红—黑等色。

黑珊瑚产地较其他品种的宝石珊瑚广泛，其中夏威夷群岛、新西兰、中国台湾、南中国海、菲律宾、印度尼西亚、印度洋均有产出。某些种类生长在水深30～110m的海域，我们称为浅水黑珊瑚；另外有些种类则是生长在水深约250m以下的海域，我们称之为深水黑珊瑚。浅水黑珊瑚的生长速率为6.12～6.42cm/a，经辐射探测证明深水品种比浅水品种的生长足足慢了10～70倍。

## 迷漾的宝石珊瑚

　　黑珊瑚呈树枝状且具分枝构造,活枝原枝表面常包裹一层褐红—深褐色的共肉,本体与基底结构一致,基底以下的盘岩可为造礁珊瑚或岩石(视种类水深而定),在轴骨表面浅水黑珊瑚可见细小短刺不规则分布,深水黑珊瑚则是呈现光滑的外表,二者整体结构均前后完整一致。半倒与倒枝的黑珊瑚,在轴骨的表面可见浅黄—黄褐色的片状、不规则状碎片的剥离层。

2
1
3

1
3
2

1. 深水黑珊瑚的光泽如钢琴烤漆般光亮
2. 深水黑珊瑚因内部裂隙而产生片状的琥珀纹理及表面分枝构造
3. 深水黑珊瑚横切面的同心环状结构并无放射状与气孔

1. 浅水黑珊瑚未抛光时表面充满短圆的刺
2. 浅水黑珊瑚横切面的断续放射状结构
3. 浅水黑珊瑚抛光后形成琥珀色的丘疹结构(上方抛光过/下方未抛光)

黑珊瑚的成分以角质为主,生物胶与角质不断的沾黏而形成轴骨的生长,因此在宝石学中被归类为角质型。

来自海洋的黑骑士——黑珊瑚,犹如禁宫侍卫般庄严威武、沉着稳重,忠诚地守护一方大海,所以在夏威夷又将它称之为"王者珊瑚"。黑珊瑚又因为抛光后光泽亮丽,犹如钢琴烤漆般质地细腻,所以深受欧美与日本地区的民众喜爱。

| 1 | 2 |
|---|---|
| 3 | 4 |

1. 深水黑珊瑚
2. 浅水黑珊瑚
3. 深水黑珊瑚的盘岩
4. 浅水黑珊瑚的盘岩

## 13. 赤金珊瑚

赤金珊瑚

赤金珊瑚（*Euplexaura erecta*），因品种的颜色除了金色以外还带有褐红色，所以才以"赤金"来命名。

赤金珊瑚是生长在太平洋海域的宝石珊瑚品种，生物学分类隶属于八放珊瑚亚纲（Octocorallia）金珊瑚目（Gorgonacea）全轴亚目（Holaxonia）网柳珊瑚科（Plexauridae），轴骨可呈褐黄、暗褐、红褐、近黑等色。

赤金珊瑚的主要产地位于东沙群岛、屏东海域及夏威夷群岛。赤金珊瑚生长在水深350～500m的海域，东沙群岛所产的赤金珊瑚有时可见与东沙珊瑚共生。

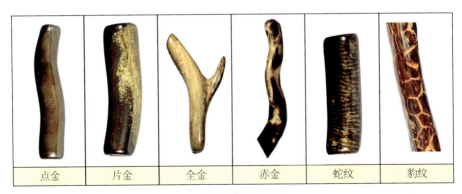

| 点金 | 片金 | 全金 | 赤金 | 蛇纹 | 豹纹 |

赤金珊瑚的种类

赤金珊瑚原枝呈树枝状构造，末端分枝细长如鞭状，略具弹性，但不愈合，未抛光的活枝本体及分枝表面富有微细短刺，致使触摸时有粗糙感，并常带有明显的裂隙，基底与本体一致，值得注意的是通常基底的面积相较其他种类的宝石珊瑚比例更大，虫体外皮为暗红色（共肉）。倒枝与半倒的赤金珊瑚表面常呈黄色—褐黄色的片状、不规则状的碎片分布于轴骨，致使层层剥离，而形成瓦解剥离层。

赤金珊瑚以角质为主要成分，常因生物胶与角质的沾黏较不紧密、均匀，所以形成许多间隙与裂隙，而造成颜色的多重变化。按成分划分，它属角质型。

赤金珊瑚的橘色共肉与珊瑚虫

赤金珊瑚不论活枝或倒枝，在抛光表面常可见大小不一的间隙和裂隙，并因这些间隙或裂隙而形成特殊的结构，导致颜色上产生强烈的变化，最常见的是底色从黑色至褐红色，这就是所谓的"赤"。其次是表面上的点状、片状、条状、不规则状或整体一致的黄色—褐黄色所形成的"金"。

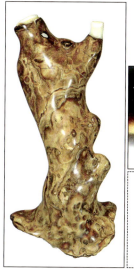
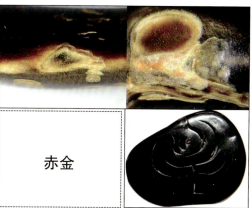

1  2
   3

1. 赤金珊瑚包覆东沙珊瑚生长
2. 平行裂隙形成"金"，而间隙形成"赤"
3. 赤金珊瑚横切面的同心环状年轮结构

赤金

赤金珊瑚的种类以颜色作为区分,颜色可分为底色与表色,底色常呈现出褐、褐黄、暗褐、红褐、黑等色,表色则是以"金"的分布作为依据,其种类大致可分为点金、片金、蛇纹、豹纹、全金与赤金6种。

在夏威夷,某些珊瑚商常将赤金珊瑚当成金珊瑚来销售,并以"罕见的金珊瑚"作为广告词。其实在GIA(美国宝石学院)教材中就有详细说明,金珊瑚具有变彩与晕彩等特征,所以二者并非为同一物种。

赤金珊瑚:赤金品种

赤金珊瑚的美在于色彩自然分布,呈现出千变万化的姿态,犹如百变女郎,让人时时感到惊艳。因颜色所形成的不规则几何图形展现出多样的变化,使得每株赤金珊瑚就像是一幅幅的抽象画让人百看不厌,其价值并非是以活枝或倒枝作为区分,而是按形态与色彩的巧妙变化而定。

赤金珊瑚:豹纹品种

赤金珊瑚:点金品种

# Chapter 6　宝石珊瑚的颜色、净度分级与鉴定证书

东沙珊瑚原枝

# 宝石珊瑚的颜色、净度分级与鉴定证书

粉色东沙珊瑚花件
雕刻:黄清德

其实意大利与日本的业内人士,早已针对宝石珊瑚中的赤红、桃红、浓赤三大品种进行了详细的颜色与净度分级,而台湾业内人士也同时跟进仿照他们的比色与净度分级方法,但这些方法仅在少数业者进出货时使用,非核心人物其实根本无法接触。他们认为掌握这些方法就有能力管控公司营运,所以一直将这些方法视为机密。其实比色与净度分级方法的推广有助于市场的开拓,就像钻石4C(质量、净度、色泽、切工)标准的制定反而减少了大众疑虑,进而增强了购买意愿,使钻石能够成为世界上最畅销的宝石品种之一。所以只要能明确地将比色与净度完整规范,对珊瑚产业发展必有极大的推动力。

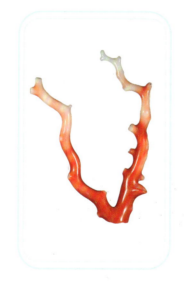

赤红珊瑚　　　　　　　　　桃红珊瑚　　　　　　　　　浓赤珊瑚

/迷/漾/的/宝/石/珊/瑚

## 1. 宝石珊瑚的颜色分级

所谓比色分级,主要是针对宝石品种的主流色系进行颜色评鉴。在宝石珊瑚中,当然是以红色为主流色系,一般消费者在购买珊瑚时,总是想选购"牛血红",但什么颜色才是"牛血红"呢?"牛血红"一词,是来自对红宝石颜色的形容,但却没有明确标准来说明什么是"牛血红",以至于各执一词,而造成低货高卖、形成纠纷的局面,极大地降低了消费者投资购买的意愿。所以,只有制定出公正的颜色分级标准,才能增强大众对珊瑚购买的信心。

业内的比色制度,是将赤红珊瑚、桃红珊瑚、浓赤珊瑚的深红—橘红色系划分为10个等级,前两级称为特色(特一色与特二色),其余则以一色、二色~八色进行划分,各色系并没有明确的解说标准,传授者只提供样本让学习者配出相对应的比色标本,但因制作过程不够严谨,而造成或多或少的误差。所以,笔者参考业内的比色制度,加上研究宝石珊瑚十余年的经验,以及对收集的大量标本的研究成果,尝试整合并制定适合业内人士与消费者的比色方法,已完成制作的一套实体宝石珊瑚比色石与净度分级石可供ACME宝石研究中心在开具证书时使用。

什么才是真正的"牛血红"

# Chapter 6 / 宝石珊瑚的颜色、净度分级与鉴定证书

颜色级别主要针对"平面加工"的赤红珊瑚、桃红珊瑚、浓赤珊瑚中的红、橘主流色系及深水金珊瑚的变彩,在比色灯下进行划分:赤红珊瑚所划分的级别为浓红色(CA1)、艳红色(CA2)、红色(CA3)、浅红色(CA4)、深橘红色(CA5)、橘红色(CA6)、浅橘红色(CA7),桃红珊瑚所划分的级别为深红色(CM1)、红色(CM2)、浅红色(CM3)、深橘红色(CM4)、橘红色(CM5)、浅橘红色(CM6)、淡橘红色(CM7),浓赤珊瑚所划分的级别为近浓红色(CS1)、深红色(CS2)、红色(CS3)、浅红色(CS4)、深橘红色(CS5)、橘红色(CS6)、浅橘红色(CS7),深水金珊瑚所划分的级别为粉紫色(CG1)、紫色(CG2)、蓝色(CG3)、蓝绿色(CG4)、绿色(CG5)、浅绿色(CG6)、金色(CG7)、黄色(CG8)、褐色(CG9)、花色(CG10)。

1. 赤红珊瑚比色示意图
2. 桃红珊瑚比色示意图
3. 浓赤珊瑚比色示意图(示意图采用PANTONE①色卡制作,比色以实际比色石为主)

---

①PANTONE是一家专门开发和研究色彩而闻名全球的权威机构。

迷漾的宝石珊瑚

# 2. 宝石珊瑚的净度分级

所谓净度分级是观察宝石珊瑚表面与内部的天然孔洞、杂色(包含白心)、粗大生长纹、裂隙(愈合裂隙)、白花(异色花)、包裹体、蛀孔、加工瑕疵及一切非正常生长结构，并对影响美观的颜色与物质进行评鉴。

净度级别主要针对"平面加工"的宝石珊瑚,以10倍放大镜在"正面"进行观察(背面不评比),净度分级所划分的级别为内外无瑕(FL)、内外微小瑕疵(SF1)、肉眼可见内外微小瑕疵(SF2)、肉眼可见内外瑕疵(OF1)、肉眼可见内外明显瑕疵(OF2)、肉眼可见内外明显较大蛀孔瑕疵(VOF1)、肉眼可见内外明显大量蛀孔瑕疵(VOF2),评比时以红笔标示内部特征,绿笔标示外部特征。

| 净度分级 | | |
|---|---|---|
| 图示 | 级别 | 说明 |
|   | FL<br>Flawless | 内外无瑕 |
|   | SF1<br>Slight Flaw 1 | 内外微小瑕疵 |
|  | SF2<br>Slight Flaw 2 | 肉眼可见内外微小瑕疵 |
|   | OF1<br>Obvious Flaw 1 | 肉眼可见内外瑕疵 |
|   | OF2<br>Obvious Flaw 2 | 肉眼可见内外明显瑕疵 |
|   | VOF1<br>Very Obvious Flaw 1 | 肉眼可见内外明显较大蛀孔瑕疵 |
|   | VOF2<br>Very Obvious Flaw 2 | 肉眼可见内外明显大量蛀孔瑕疵 |

珊瑚净度分级图

| 图示<br>(绿色:外部瑕疵;红色:内部瑕疵) | 名称 | 说明 |
| --- | --- | --- |
|  | 天然孔洞/凹坑 | 以虚线表示,外实线外虚线(全绿色) |
|  | 白心或杂色 | 外虚线内实线 |
|  | 明显天然生长纹 | 平行实践 |
|   | 裂隙(愈合)非实物 | (1)实线依实际状况绘制;<br>(2)愈合者"外"以虚线绘制,"内"以红色虚线绘制,如有有色包裹体以虚线绘制 |
|   | 白花(异色花) | (1)白色花:外虚线;<br>(2)异色花:外虚线+内实线 |
|  | 包裹体 | 实线 |
|   | 蛀孔 | (1)蛛网状裂纹:红色实线;<br>(2)蛀孔:绿色实线+红色实线 |

珊瑚净度图示

## 3. 宝石珊瑚的鉴定证书

宝石珊瑚的鉴定证书要如何出具?应该包含哪些检测项目?要如何阅读一份详细的宝石珊瑚鉴定报告书?相信这些都是大家所想要了解的问题。宝石珊瑚鉴定证书的出具条件:需经过一连串的特殊训练,其中包括品种、仿制品、优化处理等区分能力,以及能够掌握颜色与净度的分级要领。

一张完整的宝石珊瑚鉴定报告证书有着许多登录信息与检测项目,其中包含鉴定日期(Date)、证书编号(Report No.)、形状与切割型式(Shape & Cut)、重量(Weight)、尺寸(Size)、颜色(Color)、光泽(Luster)、透明度(Transparency)、原枝构造(Appearance)、结构特征(Structure and characteristic)、备注（Comments）、照片（Photo）、净度图（Clarity characteristic）、颜色与净度等级比例尺（Color grading scale and clarity grading scale）、鉴定结果（Conclusion）、鉴定者签名（Signature）、鉴定单位盖章或钢印（Identification seal or stamp）等，鉴定者需就这些项目进行反复检测以求正确。

完整的珊瑚鉴定证书

此外大家可能会有一个疑问，其他宝石的检测内容常包含有折射率（Refractive index）、相对密度（Relative density）、光性（Optical character）、吸收光谱（Absorption spectrum）等，为何珊瑚就不检测这些项目呢？其实并非检测者怠惰，因为珊瑚是有机质、非均质体，加上枝形大小不一，所以某些珊瑚在测试时会有不便之处，测定折射率与相对密度时所使用的折射液、比重液，因具腐蚀性或多或少会损伤珊瑚，所以严禁使用。如果改用静水秤重法测试相对密度，则常因珊瑚原枝、雕件尺寸过大，实验室中的烧杯无法容纳，或镶嵌首饰含K金与钻石等其他配件等因素，无法准确测试，况且相对密度的大小无法区分品种与某些仿制品，因此也就不列入检测项目。再则珊瑚的光性与吸收光谱不具典型特征，所以为秉持对检测诚实负责的原则，才将以上项目剔除以免有不实之嫌。

# Chapter 7　宝石珊瑚加工艺术与保养

浅水珊瑚原枝

# 宝石珊瑚加工艺术与保养

粉色浅水珊瑚花件
雕刻：黄清德

《莲花出淤泥而不染》
雕刻：黄忠山

《虾姑》
雕刻：黄忠山

宝石珊瑚的加工对整个珠宝加工产业而言，目前还是属于较不熟悉的环节，因为在进行加工时，需对宝石品种的物理性质与加工技巧有绝对的了解，才能雕琢出完美的作品，尤其在针对不同品种的加工时，还有些许不同的细微技巧，所以掌握各品种的特性就将成为加工优劣的关键。此外，民间对于宝石珊瑚保养的论述众说纷纭，其实宝石珊瑚的保养会因不同组成成分类型而有所差异，因不同类型的宝石珊瑚各有所畏惧的化学物质，当然保养方法也就不尽相同。

## 1. 宝石珊瑚的加工艺术

说到宝石珊瑚的加工就不得不提意大利，因为在太平洋产区尚未发现宝石珊瑚时，这数千年来，意大利一直是全世界珊瑚的产、销、加工中心，他们对珊瑚加工所累积的经验，可谓是首屈一指。随着太平洋产区宝石珊瑚的崛起，加之代工厂的普及，加工的重心逐渐转移到日本，日本曾经一度成为全球宝石珊瑚的加工重镇。但因

## 迷漾的宝石珊瑚

日本过度的开采使珊瑚的渔获量锐减,便将采集与加工转到劳动力密集且工资相对低廉的台湾,并开始招募和训练台湾的雕刻与研磨人才。直到1964年后,台湾决心发展自己的经营模式,并历经20年的努力最终取代了意大利与日本的加工重镇地位。

台湾珊瑚的加工产业为什么能够在短时间内获得升级,并击败意大利和日本两大强劲对手跃升成为手执牛耳的枢纽?依笔者的观察分析,这要归功于三大跃进:首先是设计大跃进,台湾的设计结合了中西方文化特色,促使作品的收藏者不再局限于亚洲地区,宝石珊瑚的设计内容包括了设计与构图;其次是分类大跃进,为了方便收购与彰显特性,一般的工厂只加工性质相同或相近产区的宝石珊瑚品种,单一化作业有助于提升设计与工艺技术,宝石珊瑚的分类包括品种分类与产区分类两种;其三,则是工艺大跃进,完美的设计图并辅以对品种特性的了解,研究更先进的加工技术就成为制胜的关键。

| 具共同特性的珊瑚品种 | 相同产区的珊瑚品种 |
| --- | --- |
| 赤红、桃红 | 赤红、桃红 |
| 美西、美东 | 美西、美东 |
|  | 深水、浅水 |
| 浅水、东沙、龟山 | 浅水、东沙 |
| 深水、浅水金珊瑚<br>深水、浅水黑珊瑚<br>深水、浅水黑金珊瑚<br>赤金珊瑚 | 深水、浅水金珊瑚<br>深水、浅水黑珊瑚<br>深水、浅水黑金珊瑚<br>深水珊瑚 |

宝石珊瑚品种分类

宝石珊瑚的工艺分为雕刻与平面两种,雕刻顾名思义就是针对宝石珊瑚进行雕琢,成品为摆件或首饰花件居多;而平面,则是将珊瑚研磨成蛋面、水滴、随形等,且不需动刀雕刻。

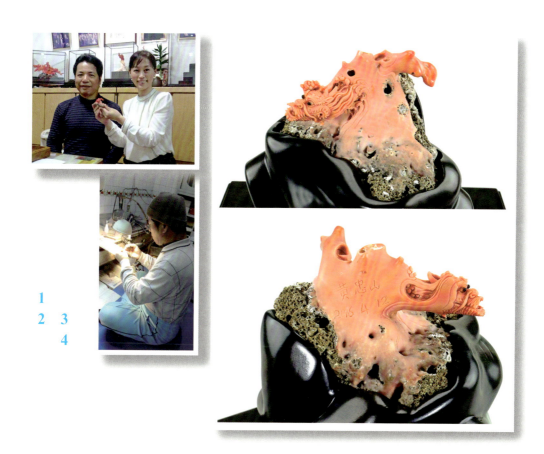

1. 国宝级珊瑚雕刻大师黄忠山先生(左)
2. 黄忠山先生在工作室雕刻珊瑚
3. 黄忠山先生作品:《蓄势待发》(正面)
4. 作品背面的签名与完成日期(背面)

自古以来玉器的加工就有"工就料"与"料就工"的区别,宝石珊瑚也不例外,一件好作品往往来自巧妙的设计,此步骤关系着加工的成败,常常用时较长。由于现今材料短缺,而且价格昂贵,一件绝佳作品的设计与构图往往耗时费力,但一切的等待都是值得的,因为每枝珊瑚外形与粗细不一样,思考构图方向也大有不同,时间可以让设计者反复思考,以达到最为完美的境界。

珊瑚雕刻名师黄清德先生指导雕刻

Chapter 7 / 宝石珊瑚加工艺术与保养

1 2
3 4
　5

1. 宝石珊瑚雕刻名师黄清德先生
2. 黄清德先生为作品落款
3. 黄清德先生的作品:《花开富贵》
4. 《花开富贵》背面的创作者签名
5. 黄清德先生的《宝石珊瑚雕刻认证书》

/迷/漾/的/宝/石/珊/瑚

此外为什么单一化作业及相近产区跟设计与加工有所关联呢？因为每个品种的宝石珊瑚所具备的特性不尽相同，如组成成分的不同、结构的不同、是否有白心、白心大小及所生长的位置、硬度与韧性的大小、光泽的强弱、整体粗细大小等，不同的品种均有所差异，所以在设计与加工方面的考虑也就不同。利用特性进行设计加工，不但可以减少失败率，还可以降低材料的损耗。产区相近则更方便材料的收集，宝石珊瑚采集船所捕捞的海域通常较为固定，因为船长对海底地形与海域潮汐的掌握有助于捕获量的提高，而且大多数的工厂会向固定配合的珊瑚采集船收购珊瑚，如此就形成了加工与产区的分类了。

有了完美设计图之后，便要寻找相对应的工匠，因为每位工匠所专精的工法不同，所以找到相对应的工匠，就成为另一个关键因素。除了圆珠之外，为了珍惜取得不易且昂贵的材料，目前大多数材料均为手工加工。珊瑚材料的使用，真可说是物尽其用，并且发挥得淋漓尽致，从大块料至边角料以至于粉末，都有其适当的用途。

赤红珊瑚

资深平面加工师洪武岸先生(右)

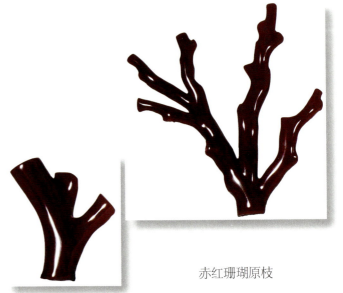

赤红珊瑚原枝

在平面加工中,以蛋面为例加以说明。蛋面的加工步骤为选、切、成、磨、抛等,"选"就是选料,"切"就是切断,"成"就是研磨成型,"磨"就是粗、细抛磨(常需经过几道手续),"抛"也就是最后一道手续,打磨使之光亮或特殊洗亮等。雕刻则相对比较复杂,有设计、构图、清除杂枝、粗雕成形、中雕清边、细雕修整、粗中细抛磨、抛光或特殊洗亮等程序(由于原枝或雕刻品死角过多,所以并未使用手工打磨的方式进行抛光,而是采取特殊洗亮方式取代手工抛光)。

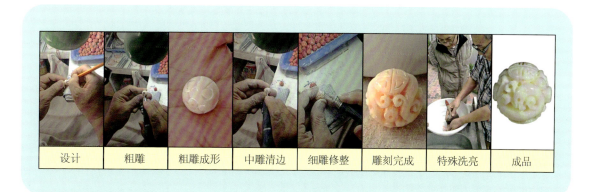

雕刻加工流程图

平面加工流程图

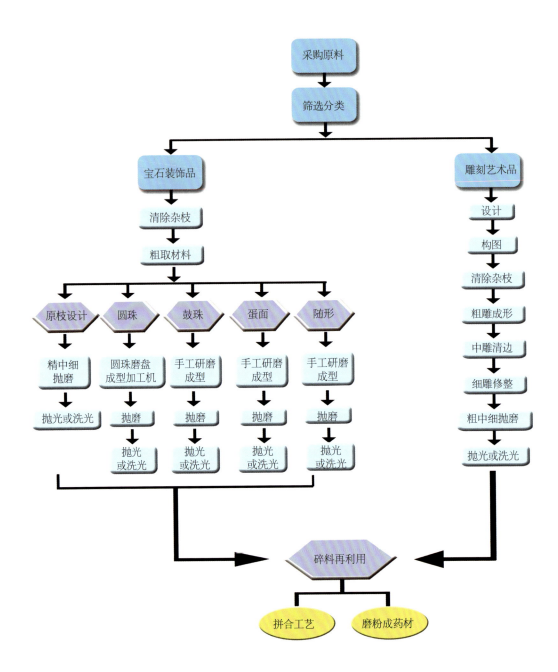

雕刻与平面加工流程图

## 2. 宝石珊瑚的保养

品种与成分直接关系着保养,因为不同成分的宝石珊瑚在保养方法与抗损的能力上均不相同,有些品种可用纯水擦拭,有些却严禁湿擦,只能以液态蜡保养,所以了解其类型可帮助我们正确地进行保养与预防受损。

钙质型珊瑚主要成分为碳酸钙,碳酸钙对酸的反应非常强烈,所以在佩戴时尽可能避免沾到香水、化妆品、汗水等物质。此外许多含氯的自来水也会对其产生些许的化学反应,最好避免接触,在每次保养时可使用棉花棒或棉花蘸纯水或煮沸过的开水拧半干进行擦拭,阴干后用柔软布料包覆收纳即可。角质型珊瑚的主要成分是蜡聚合物,其类型与我们的头发、指甲极为相似,对双氧水会有极大的反应,所以绝对不可接触,每次保养时可使用液态蜡进行擦拭,就如同保养钢琴表面的烤漆般即可。而最为特殊的是混合型珊瑚,它的组成比较复杂,成分中的碳酸钙与角质会跟酸与双氧水起作用,所以应绝对避免接触。每次佩戴后的保养像角质型珊瑚一样使用液态蜡擦拭即可,但与钙质型珊瑚相同都应尽量避免接触自来水。

| 钙质型珊瑚保养 | 浓赤珊瑚保养 | 角质型珊瑚保养 | 混合型珊瑚保养 |

不同成分类型宝石珊瑚的保养示意图

| 保养种类 | 保养方法 | 避免接触的物质 |
| --- | --- | --- |
| 钙质型宝石珊瑚 | 平时保养只要使用棉签或棉花及纯水拧干轻轻擦拭即可，禁止使用自来水，因为自来水中常含氯，会对钙质型珊瑚造成伤害，如果到达受损的程度则必须寻找专业师傅进行修复 | 酸、碱、化妆品、香水、汗水、自来水 |
| 角质型宝石珊瑚 | 平时保养可用液态蜡擦拭，切勿使用自来水 | 双氧水、自来水、化妆品、香水、汗水 |
| 混合型宝石珊瑚 | 平时保养可用液态蜡擦拭，切勿使用自来水 | 酸、碱、化妆品、香水、汗水、双氧水、自来水 |

不同成分类型宝石珊瑚的保养方法

# Chapter 8 宝石珊瑚优化处理与仿制品的鉴别

带盘岩的桃红珊瑚原枝

# 宝石珊瑚优化处理与仿制品的鉴别

Miss珊瑚花件
雕刻：黄清德

宝石珊瑚市场再次的崛起使得赝品充斥市场，所谓的专家更是教授错误的鉴别方法，致使消费大众深受误导，进而直接影响到投资采购的意愿。因此纠正此种恶习已到了刻不容缓的地步，唯有如此才能振兴产业、促进提升。购买珊瑚时区分真、假原本为首要之务，买贵了，东西至少还是真的，但是买错了那可真是血本无归，所以辨别优化处理与仿制品就成为学习宝石珊瑚最重要的内容了。

## 1. 宝石珊瑚的优化处理

所谓优化处理，就是在质地或者颜色较差的天然宝石珊瑚中，人工掩盖瑕疵或是改变颜色，使它看起来更接近完美的方法。

### 优 化

到底什么是优化呢？所谓优化是指除改善宝石珊瑚的杂色和亮度外并没有其他外来物质加入到珊瑚内部中，经产、销、学界共同认定为可以接受，并不需告知消费者的处理方法，在宝石珊瑚中大多是指去污、上油、上蜡等。

/迷/漾/的/宝/石/珊/瑚

去污就是将抛光洗亮后的宝石珊瑚(钙质型)放置在加水的过氧化氢混合液中,以去除表面的污垢、杂质、杂色,使宝石珊瑚整体看起来更加干净、无杂色,如同珍珠漂白。

上油就是将去污后的珊瑚放置在婴儿油中浸泡,使珊瑚看起来更加油润光亮。此方法可以加强宝石珊瑚的光泽,也能使色泽更加明亮。

上蜡是针对混合型宝石珊瑚和角质型宝石珊瑚的一种优化方法。这类宝石珊瑚经佩戴后常需使用液态蜡进行保养,使它常保亮丽。

宝石珊瑚的优化方法

## 处 理

那到底什么是处理呢？所谓处理是指改善宝石珊瑚的颜色、净度、亮度、耐久性和增加或减少珊瑚原有成分以外的物质,如染色、漂白、充填等。宝石珊瑚经过这些处理后,会出现外来物质的加入或去除宝石珊瑚本身原有的某些物质的现象,形成与天然宝石珊瑚不完全相同的成分与特性,这些方法在销售与鉴定过程中必须明确告知消费者。

染色处理是针对颜色较差的钙质型珊瑚,使用有机染料将宝石珊瑚染成等级较好的颜色。其染色的辨别除可在裂隙、孔洞处发现色料的残留外,颜色也常较艳丽且显得不自然。但现在无论什么颜色的宝石珊瑚,均有不错的价格,所以市场上已经很难看到染色的钙质型宝石珊瑚了。

充填处理依照所使用的材料可分为牙粉充填(补牙用的材料)与充胶处理两种方法。

牙粉充填是指使用补牙材料填补孔洞或裂隙,目的是为了充当活枝的基底和盘岩。牙粉充填的辨别:可发现牙白色的区域块状呈海绵状结构。

充胶处理,大多是针对角质型与混合型的宝石珊瑚,常使用有色胶与无色胶两种。有色胶以黑色为主,大部分使用在角质型黑珊瑚中;无色胶则是使用在混合型金珊瑚中,以环氧树脂进行充填孔洞或裂隙,目的是为了掩盖裂隙或防止裂隙扩大。充胶处理的辨别:可发现充胶后形成树脂光泽、充胶凹坑与充胶裂隙。

/迷/漾/的/宝/石/珊/瑚

    对角质型黑珊瑚进行漂白,目的是为了仿制金珊瑚,由于仿制品与被仿制品均为宝石珊瑚,所以把它放在处理的项目中,以与海藤漂白处理进行区分。首先将黑珊瑚放置在过氧化氢中浸泡,使其黑色素褪色而产生如黄金般耀眼的金色,但漂白后的黑珊瑚结构松散,必须进行充胶才能稳定表面结构。辨别方法:可用充胶处理的方法进行鉴定。

1. 多孔隙的造礁玫瑰珊瑚
2. 调配环氧树脂的颜色与比例
3. 以环氧树脂充填孔洞或裂隙
4. 充胶后静置风干

| 牙粉充填 | 金珊瑚充胶 | 黑珊瑚充胶 | 黑珊瑚漂白充胶 |

宝石珊瑚的处理

## 2. 宝石珊瑚的仿制品

仿制品是指用来模仿天然宝石珊瑚的珊瑚制品,本身可为天然、优化、处理、人工合成等材料,外观拥有与天然宝石珊瑚较高的相似度。

### 天然仿制品

天然仿制品以造礁类珊瑚、贝壳(以砗磲贝为主)、大理岩等较为常见。常见仿制品有海竹珊瑚、蓝珊瑚、玫瑰珊瑚、柱星珊瑚、异孔珊瑚、侧孔珊瑚、海藤珊瑚等(种类繁多)。

海竹珊瑚(学名:*Isididae*):轴骨可呈白色钙质与褐色角质交互生长,由于外形犹如竹子般所以俗称为海竹,因海竹珊瑚轴骨中钙质部分质地细腻,与白色钙质型宝石珊瑚十分接近,所以常用来仿制宝石珊瑚的造礁品种。此外市场也常见将海竹染成红色来仿制红色的宝石珊瑚。

蓝珊瑚(学名:*Coenothecalia*):轴骨由淡蓝色钙质组成,呈片状或花瓣状构造,多孔洞且孔洞周围环绕着较深的蓝色斑纹,常用来仿制宝石蓝珊瑚。

玫瑰珊瑚(学名:*Turbipora musica*):轴骨由红色、橙色相间的多孔洞的钙质组成,呈片状、花瓣状、枝丛状构造,市场上除称玫瑰珊瑚外又称草珊瑚、非洲红珊瑚等。

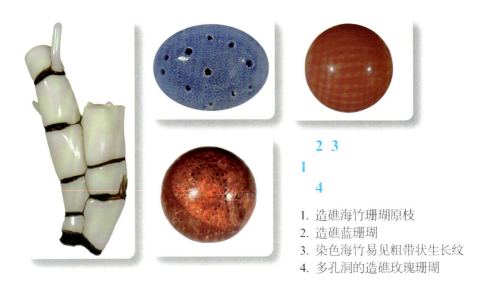

1. 造礁海竹珊瑚原枝
2. 造礁蓝珊瑚
3. 染色海竹易见粗带状生长纹
4. 多孔洞的造礁玫瑰珊瑚

柱星珊瑚(学名：*Stylaster sp*)：轴骨可呈白色、淡粉红色、淡橘红色，有些种类本体具有许多孔洞，另一些种类质地细腻，轴心的孔洞极像赤红珊瑚，是所有造礁品种中最接近宝石珊瑚的仿制品。

异孔珊瑚(学名：*Allopora sp*)：轴骨呈白色，本体具有众多近圆形的孔洞，质地较一般造礁珊瑚细腻，但比柱星珊瑚、海竹珊瑚粗糙，其实不难辨别。

侧孔珊瑚(学名：*Distichopora violacea*)：轴骨可呈现白、粉红、橘等色，轴骨致密性差，整体手感较轻，表面常具许多整齐的细小孔洞，市场上常以台湾原生种红珊瑚称之。

海藤珊瑚(学名：*Cirrhipathes*)：轴骨呈黑色鞭状，不具分枝构造，横切面可见明显的放射状结构和气孔，表面则见许多丘疹状结构。

长海树(学名:*Parantipathes tenuispina*):轴骨呈现黑色且致密性差,不易抛光,手感较轻,是常用来仿制黑珊瑚的品种。

砗磲贝:是分布于印度洋和西太平洋的一种大型双壳类动物,其贝壳所做出的饰品可发现具层状结构,且层与层之间是一层较白一层较透明。

大理岩原石:呈块状或结核状构造、粒状或纤维状结构,遇酸起泡,手感较冰,亦可通过染色处理来仿制红色的宝石珊瑚,但其色料则浓集于颗粒间。

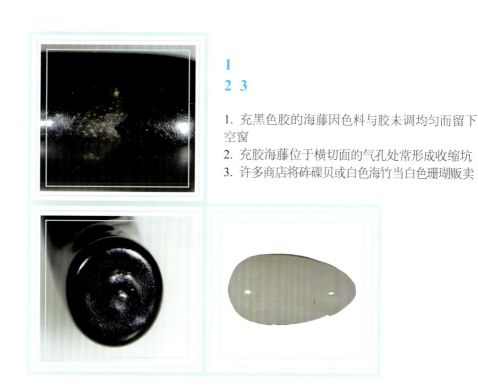

| 1 |
|---|
| 2 3 |

1. 充黑色胶的海藤因色料与胶未调均匀而留下空窗
2. 充胶海藤位于横切面的气孔处常形成收缩坑
3. 许多商店将砗磲贝或白色海竹当白色珊瑚贩卖

海藤进行漂白前

海藤进行漂白后

**1  2**
**3**
**4**

1. 漂白使用的过氧化氢
2. 海藤漂白
3. 海藤漂白前后比对
4. 漂白充胶的海藤表面呈现丘疹状结构，是用来仿制金珊瑚的常见品种

# 人造仿制品

人造的仿制品是以塑料、玻璃为主,另外还有一种被称为合成珊瑚的材料(吉尔森珊瑚),其实是用方解石粉末压制而成,市场上又称科技珊瑚,因为完全无珊瑚的构造与结构等特征,所以并非是珊瑚的合成品。

塑料,为非晶质体,外观可呈现各种形状,因相对密度过低所以手感较轻,硬度较软,表面常有许多刮痕,加上常以模具制成,有时亦可发现铸模痕迹,因此不难检测。

玻璃,也属于非晶质体,外观可呈现各种形状,它的相对密度相对较高所以手感较重,光泽为玻璃光泽,比一般珊瑚(除赤红珊瑚外)亮,检测方面最重要的是观察它是否缺少珊瑚的各种生长特征。

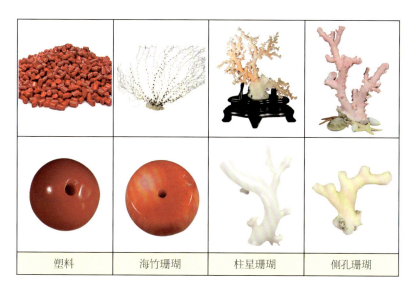

仿制品的原料与成品对照图

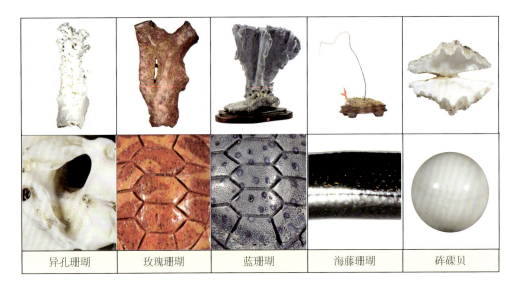

仿制品与宝石珊瑚对比图

# Chapter 9　宝石珊瑚的市场与选购

深水金珊瑚

# 宝石珊瑚的市场与选购

白色桃红珊瑚花件
雕刻：黄清德

近年来，欧洲国际知名品牌相继宣布投资宝石珊瑚市场，促使宝石珊瑚又掀起一股流行热潮。其实欧美一直是全球宝石珊瑚最大的销售市场，因珊瑚对整个欧洲历史而言，无论是文化、政治、宗教或是风俗、传说均占有极为重要的地位。随着亚洲宝石珊瑚市场的崛起，创造出了另一波流行风潮，中国人对宝石珊瑚的喜爱更是狂热，甚至直接称它为"红金"。

珊瑚是我国唯一可以掌控的国际性宝石品种，但是了解珊瑚的人却不多，懂的人更少。对如何选购珊瑚、辨别其种类等问题，甚至连宝石专业人士都感到相当困惑，因此在选购宝石珊瑚时就应该格外用心。

扶桑花耳环
（上：深水珊瑚；下：龟山珊瑚）
雕刻：黄清德

/迷/漾/的/宝/石/珊/瑚

## 1. 宝石珊瑚的市场

各个民族、地区甚至个人对宝石珊瑚品种与颜色的喜好均有所不同,而影响最为深远的因素则有文化、民情、风俗、宗教、时尚等。中国人喜爱红色,代表喜气;日本人将白色融入喜庆的风俗;欧美等国的消费者则偏好粉红色以追求流行时尚。所以在不同地区营销不同颜色与品种的宝石珊瑚,价格也会有明显的差距。

欧美等国消费者虽然偏好粉红色珊瑚,但在文化、民情、风俗与宗教的影响下,红色的浓赤珊瑚又是他们不可或缺的重要品种。在中国的历史文化中,珊瑚所占的地位仅次于软玉。而日本

鲸鱼(赤红珊瑚"天使之肤")
设计:殷璐妍

神似羊脂白玉的东沙珊瑚
将是珊瑚界的明日之星
古龙珠串链(东沙珊瑚)
雕刻:黄清德 / 示范:廖玮琪

人虽然喜欢用白色珊瑚作为他们的发饰与和服的配饰,但是本区所产的赤红与桃红珊瑚又是主要推往欧美的主力商品,所以在风俗与商贸的融合下,形成了独特的市场结构。另外,我们在加工方面曾提到,台湾因结合中西文化而创造出了具有特色的产品。由于历史原因,台湾的捕捞范围极广(除地中海以外),且加工技术突破了传统工法与文化限制,从而创造了"宝石珊瑚王国"。

在2012年笔者曾针对赤红珊瑚进行市场调查,主要调查对象以盘商与工厂为主。此次调查所研究的重点内容并非是大家所关心的价格(因为宝石珊瑚的价格与其他宝石品种一样会有起伏变化)而是"成材率"的研究。要了解"成材率"首先就必须知道宝石珊瑚的计算单位,无论在中国台湾或日本,宝石珊瑚一直被部分金融机构视为极具价值的资产,有时其价值甚至超越黄金,它们可以直接在这些行库进行抵押贷款,因此在中国台湾,宝石珊瑚是以黄金的计算单位10两为1斤进行计价(一般货物则是16两为1斤)。

许多朋友认为,购买1斤珊瑚的原料其价值就是1斤珊瑚成品,其实不然,大家忽略了加工的损耗。以赤红珊瑚蛋面为例,加工时需切、成、磨、抛(洗亮),此时必然消耗极大的质量,况且还得闪避白心与瑕疵,这时1斤珊瑚往往剩下不到3成,尤其要取全美顶级的材料(CA1/FL;成材率约1.25%,参照Chapter 6宝石珊瑚的颜色、净度分级表),更是难上加难。

宝石珊瑚质量单位换算表

| 单位<br>编号 | 克(g) | 钱 | 两 | 英两<br>(金衡两) |
|---|---|---|---|---|
| 1 | 1 | 0.266 67 | 0.026 67 | 0.032 15 |
| 2 | 3.75 | 1 | 0.1 | 0.120 57 |
| 3 | 37.5 | 10 | 1 | 1.205 65 |
| 4 | 31.10 | 8.294 27 | 0.829 43 | 1 |

注:自古黄金的计算单位与现代有所不同,分别为1斤=16两,1两=10钱,1钱=3.75g。用古时黄金斤、两计算的话,珊瑚的质量换算公式为1斤=375g,即600g/16=37.5×10=375(黄金两),所以当前珊瑚市场便以古时黄金斤、两计价。

赤红珊瑚等级、加工与市价分析表

| 项目 级别 | 斤与两的换算 | 每两市值 |
|---|---|---|
| CA 1 | 约7~8斤中可挑选1两 | 每两折合台币200万 |
| CA 2 | 约5~6斤中可挑选1两 | 每两折合台币130万~160万 |
| CA 3 | 约3~4斤中可挑选1两 | 每两折合台币120万 |
| CA 4 | 约2斤中可挑选1两 | 每两折合台币80万~100万 |
| CA 5 | 约1斤中可挑选1两 | 每两折合台币60万~70万 |
| CA 6 | 约1斤中可挑选2~3两 | 每两折合台币50万 |
| CA 7 | 约1斤中可挑选3~4两 | 每两折合台币20万~40万 |
| 剩余材料 | 加工后所剩余材料 | 每两折合台币10万 |

注1：原料每斤可加工成品2~4两。
注2：自古黄金的计算单位与现代有所不同，分别为1斤=16两，1两=10钱，1钱=3.75g。用古时黄金斤、两计算的话，珊瑚的质量换算公式为1斤=375g，即600g/16=37.5×10=375（黄金两），所以当前珊瑚市场便以古时黄金斤、两计价。
（据：2012年3月赤红珊瑚等级、加工与时价分析）

带盘岩的赤红珊瑚原枝
胸针与挂坠两用
《悠游自在》
设计：Vincent Lee

桃红珊瑚原枝坠子
《吉祥兽》
雕刻：黄忠山

## 2. 宝石珊瑚的选购

赢就是要赢在起跑点上,在还没卖货前就必须要学会进货,因为宝石这一行最怕的就是买错货,所以俗话说:"不怕买贵就怕买错。"买贵了顶多少赚点或是赔一点,但如果是买错了很可能血本无归,严重的话还可能赔上多年经营所赢得的声誉,真可谓得不偿失。

对喜欢或想投资宝石珊瑚的朋友来说,最想了解的是购买珊瑚到底要注意哪些事项。综观本书的论点,笔者整理出六大要领,只要能够掌握这些要领就能够降低买错的风险。

桃红珊瑚
《大慈大悲观世音菩萨》
雕刻:黄忠山

南枝珊瑚
《救苦救难观世音菩萨》
雕刻：黄忠山

(1)宝石珊瑚仿制品的鉴别:购买宝石珊瑚时,能够区分仿制品是首要的任务,因为唯有掌握鉴别假货的能力,才能防止买到赝品。

(2)宝石珊瑚品种的区分:具备品种区分的能力,有助于买对商品,就像股市的投资专家,买对股票才有制胜的机会。

(3)宝石珊瑚颜色的分类:宝石珊瑚的颜色与钻石一样,有极大的价差,对投资者而言代表着获利,对佩戴者而言代表着尊荣。

赤红珊瑚
《红莲》
雕刻:黄忠山

(4)宝石珊瑚净度的观察:宝石的净度与颜色常常被放在一起评价,因为一件极致的首饰,它必须二者兼具方能衬托出珠宝的华丽。

(5)宝石珊瑚优化处理的鉴定:选购宝石珊瑚时,必须特别注意是否经过优化处理,尤其是金珊瑚经常使用充胶处理,不易察觉而让人忽略。因天然与处理的价差过大,务必小心选购。

(6)宝石珊瑚的设计与加工:一件具备完美色泽与净度的裸石或原枝,它必须搭配精致的金工设计与细腻雕琢,才能够凸显出价质与美感,因为许多顶级珠宝不只是首饰,它更是一件艺术作品。

桃红珊瑚
《虾姑》
雕刻:黄忠山

Chapter 9 / 宝石珊瑚的市场与选购

桃红珊瑚
《龙虾》
雕刻：黄清德

# 主要参考文献

陈永轩,许志宏,宋秉钧.养殖型海洋生物的药用资源[J].科学发展,2012(479)30-34.

戴昌凤,洪圣雯.台湾珊瑚图鉴[M].台北:猫头鹰出版社,2009.

黄哲崇.贵重珊瑚研究报告[M].台北:鸿鹏出版,1997.

简宏道,周韵文.宝石珊瑚工艺名家[J].中国宝石,2015(6):108-11.

简宏道.宝石珊瑚工艺与保养[J].中国宝石,2013(11):100-105.

简宏道.宝石珊瑚系列——赤金珊瑚[J].中国宝石,2016(3):208-210.

简宏道.迷漾的宝石珊瑚(三)颜色及活枝、倒枝与鉴定[J].中国宝石,2016(2):208-211.

佚名.澎湖厅志[M].学识斋,1868.

苏瑞欣,吴淑黎,张佑嘉.珊瑚活性物质的开发[J].科学发展,2012(479):12-17.

周韵文,简宏道,中国国宝级珊瑚雕刻大师:黄忠山[J].中国宝石,2016(1):130-133.

邹仁林等.红珊瑚[M].北京:科学出版社,1993.

Anonymous. Fishery Management Plan and Proposed Regulations for The Precious Coral Fishery of The Western Pacific Regionin [J]. U. S.: Fedeeral Register,1980,45(180): 60 957—61 002.

Bayer F M. A New Precious Coral from North Bornea [J]. Washington Academy of Science, 1950, 40(2):59-61.

Brown G. Two New Precious Corals from Hawaii [J]. Australian Gemmologist, 1976(11): 371-377.

Grigg R W. Ecological Studies of Black Coral in Hawaii [J]. Pacific Science,1965 (19):244-260.

Grigg R W. Black Coral: History of A Sustainable Fishery in Hawaii [J]. Pacific Science, 2011(55):291-299.

Opresko D M. New Genera and Species of Antipatharian Corals (Cnidaria: Anthozoa) from The North Pacific [J]. Zoologische Mededelingen, 2005(79-2):129.

Wells J W. Notes on Indo—Pacific Scleractinian Corals. Part 9. New Corals from The Galapagos Islands [J]. Pacific Science, 1982(36):211-220.

网络图片来源

p.3 宝石珊瑚的触手是猎捕的工具

https://www.arkive.org/red-coral/corallium-rubrum/image-G25197.html

p.5 Torre del Greco

http://www.torrechannel.it/torre-del-greco-lavori-manutenzione-alla-scogliera-del-litorale-torrese-tratto-interessato-divieti/

p.5 图坦卡门面具

https://en.wikipedia.org/wiki/Tutankhamun%27s_mask

p.6 天皇冕冠样式图

http://www.wikiwand.com/ja/%E5%86%95%E5%86%A0

p.6 日本于意大利拿坡里港设立名誉领事馆之公文

日本国立公文书馆提供

p.9 清朝康熙皇帝像

https://ja.wikipedia.org/wiki/%E5%BA%B7%E7%86%99%E5%B8%9D

p.9 清朝二品官员顶戴——珊瑚珠

ACME宝石研究中心

p.10 日据时代的澎湖马公港

http://www.tonyhuang39.com/tony/tony1159.html

p.10 现今的澎湖马公港

http://mapio.net/pic/p-121970912/

p.13 宋美龄

http://big5.jinri-toutiao.com/id/346277.html

p.13 蛇发女——梅杜莎

http://slideplayer.com/slide/4611697/

p.14《燕子与圣母》

http://www.52wwz.cn/article/8025.html

p.15 沙皇伊凡大帝

http://blog.xuite.net/holmeslee/twblog1/124193971-%E6%B2%99%E7%9A%87%E7%9A%84%E9%B7%B9%E7%8A%AC%E2%94%80%E2%94%80%E7%89%B9%E8%BD%84%E8%BB%8D%28Oprichniki%29

p.23 图1～图5

https://www.arkive.org/red-coral/corallium-rubrum/image-G25197.html

# 后 记

真的很感谢曾经或现在协助本书完成的朋友们,虽然曾有阻碍但因你们的情义相挺,才让此书顺利出版。期待《迷漾的宝石珊瑚》能让更多人看见珊瑚之美,进而珍视珊瑚。

金龙珊瑚蔡家兴(左)

大东山"希望天地"吕恒旭(左)

景兴珊瑚陈景有(左一)
和张德川船长(中)

玲珑宫赵善述(左)

宏美珊瑚颜文贤(右)

风柜里船长颜丁发(左)